墨香财经学术文库

"十二五"辽宁省重点图书出版规划项目

Green Degree Evaluation of Building Materials

建筑材料绿色度评价

汪振双 ◎ 著

东北财经大学出版社 大连
Dongbei University of Finance & Economics Press

图书在版编目（CIP）数据

建筑材料绿色度评价 / 汪振双著. —大连：东北财经大学出版社，2020.10
（墨香财经学术文库）
ISBN 978-7-5654-3735-9

Ⅰ. 建… Ⅱ. 汪… Ⅲ. 建筑材料-无污染技术-评价 Ⅳ. TU5

中国版本图书馆CIP数据核字（2019）第296601号

东北财经大学出版社出版发行
大连市黑石礁尖山街217号 邮政编码 116025
网 址：http://www.dufep.cn
读者信箱：dufep @ dufe.edu.cn
大连永盛印业有限公司印刷

幅面尺寸：170mm×240mm 字数：129千字 印张：9.5 插页：1
2020年10月第1版 2020年10月第1次印刷
责任编辑：时 博 王 斌 责任校对：行 者
封面设计：冀贵收 版式设计：钟福建
定价：45.00元

教学支持 售后服务 联系电话：（0411）84710309

如有印装质量问题，请联系营销部：（0411）84710711

“东北财经大学‘双一流’建设项目
高水平学术专著出版资助计划”资助出版

作者简介

汪振双，辽宁岫岩人，工学博士（工商管理博士后），东北财经大学硕士生导师，辽宁省第七批百千万人才工程“万”层次人选。主要研究方向为工程管理、绿色建筑和固体废弃物综合利用。主持和参与国家自然科学基金、中国博士后特别资助项目、辽宁省社科联一般项目等国家和省部级项目 10 余项，发表学术论文 70 余篇，其中 SCI 检索 3 篇，EI 检索 15 篇，CSSCI 检索 5 篇，担任 Journal of Cleaner Production、Journal of Environment Management、Environmental Science and Pollution Research、Construction and Building Materials、中南大学学报（自然科学版）》、《上海交通大学学报》、《吉林大学学报（工学版）》、《工程研究——跨学科视野中的工程》和《工程管理学报》等国内外期刊的审稿人，参编教材 1 部。先后获得 2019 年度中国项目管理优秀论文奖 1 次，省级奖励 2 次，市级奖励 3 次，校级奖励 2 次。指导大学生创新创业训练计划 14 项，其中国家级项目 3 项、省级项目 2 项、校级项目 9 项。

前言

绿色建筑材料是绿色建筑的基础，其绿色度直接关系到绿色建筑物全生命周期的环境影响。建筑材料的合理选择能有效提升绿色建筑的绿色等级和质量。

绿色建筑材料是指采用清洁生产技术，不用或少用天然资源和能源，大量使用工农业或城市固态废弃物生产的无毒害、无污染、无放射性，达到使用周期后可回收利用，有利于环境保护和人体健康的建筑材料。大力推行绿色建筑评价、认证和管理工作，是可持续发展战略的必然要求和主流趋势。在绿色建筑背景下进行建筑材料的绿色度评价已经成为当今建筑领域研究的热点问题，然而如何对建筑材料的绿色度进行定量化评价目前还没有统一标准。绿色建筑要从全生命周期考虑，除了传统的“四节一环保”外，还包括建筑的安全耐久性以及室内的舒适健康性。建筑材料作为建筑物系统的一部分，其绿色度直接关系到绿色建筑物全生命周期，在保证结构可靠度和使用功能的前提下，最大限度地使用绿色建筑材料，优化各种建筑材料的用量配比，使建筑物的物化环境影响最小，为建筑物整个生命周期产生最小的环境影响打下坚实的物质基础。

因此，本书基于全生命周期评价理论，构建建筑材料节能、健康、环保、生态、舒适和经济绿色度评价框架，建立建筑材料绿色度物元分析模型，以水泥材料为例，对建筑材料的绿色度进行了评价，主要包括以下几个部分：首先，基于建筑材料全生命周期评价理论，利用层次分析法构建建筑材料绿色度树型结构的综合评价指标体系；其次，基于群体 AHP 赋权法确定建筑材料绿色度各评价指标的权重；最后，基于对文献资料的统计分析确定评价等级标准和建立综合评价模型。建筑信息化和绿色建筑的融合是未来建筑行业发展的必然趋势，建筑信息化技术能有力推动绿色建筑的发展和顺利实施，二者融合能有效地突破绿色建筑项目中绿色建筑材料全生命周期管理的瓶颈。将 BIM 技术和 RFID 技术引入绿色建筑项目的绿色建筑材料管理中，能有效提升绿色建筑材料的管理水平，实现绿色建筑材料全生命周期的协同化和精细化管理，同时将形成 BIM 绿色建筑材料信息数据库，形成企业、行业乃至国家 BIM 绿色建筑材料信息库，对建筑材料绿色度管理进行设计，推动绿色建筑高质量发展，为建筑业的可持续发展添砖加瓦。本书得到“东北财经大学‘双一流’建设项目高水平学术专著出版资助计划”经费资助，成书较仓促，不妥和疏漏之处，敬请各位读者批评指正。

汪振双

2020 年 10 月

目录

1 绪论

1.1 选题的背景及研究意义

1.1.1 选题的背景

随着新型城镇化的快速发展，我国已逐步形成了世界上最大的建筑市场[1]。建筑面积的迅速增加及采暖空调的普遍使用，导致建筑业高污染、高能耗、高物耗的状况持续上扬，发展绿色建筑是建设资源节约型、环境友好型社会必不可少的一个方面，推动绿色建筑的发展已成为时代的要求。我国的《绿色建筑标准评价》（GB/T50378—2006）对“绿色建筑”做出了如下定义：在建筑全生命周期内，最大限度地节约资源（节地、节能、节水和节材）、保护环境和减少污染，为人民提供健康、适用和高效的使用空间，与自然和谐共生的建筑。“绿色建筑”并不是一般意义上的立体绿化、屋顶花园，而是代表一种概念或者象征，又可称为可持续发展建筑、生态建筑、回归大自然建筑、节能环保建筑等[2]。因此，绿色建筑是指在设计与建造过程中，充分考虑建筑物与周围环境的协调，利用光能、风能等自然界中的能源，最大限度地减少能源的消耗以及环境污染的建筑。

材料是人类赖以生存和得以发展的重要物质基础，是人类文明的里程碑。正是材料的使用、发现和发明，才使人类在与自然的斗争中，走出了混沌蒙昧的时代，发展到科学技术高度发达的今天[3]。从材料的生产—使用—废弃的过程来看，这是一个将大量资源提取出来，又将大量废弃物排回到自然环境的过程。可以说，人类在创造社会文明的同时，也在不断破坏人类赖以生存的环境空间，几千年来，人类文明的不断进步，也使人类与环境的矛盾日益尖锐。我国从2013年开始成为世界上最大的建筑材料生产国和消费国。建材产品正在不断根据现状升级换代，新型建材也在不断涌现。建材行业正不断开发新型绿色建材产品，在保证其质量的情况下，达到环境保护、节约资源的目的[4]。我国建材行业每年消耗原材料高达50亿吨，消耗煤炭达2.3亿吨，建材总能耗约占全国总能耗的15.8%，消耗的良田达15万亩以上，固体废弃物排放量达到1.096亿立方米，废水排放量达到335亿吨，水泥、石灰等建筑材料排放的二氧化碳量约为6.6亿吨，占全国工业二氧化碳排放总量的40%左右[5]。如果建材行业继续进行这种粗放式生产模式，那么人类赖以生存的地球环境就会遭受到更为严重的威胁。因此，必须重新调整经济与自然环境的可持续发展性，用可持续发展的眼光看待经济的增长，使经济增长与自然环境具有协调性[4]。1988年，第一届国际材料科学研究会提出了“绿色建材”（Green Materials）的概念。1992年，国际学术界明确提出：绿色材料是在原料采取、产品制造、使用或者在循环以及废料处理等环节中对地球环境负荷最小和有利于人类健康的材料。绿色建材是新涌现出的现代化建筑材料，国内外对其定义不一。那么什么是“绿色建材”，如何评价“绿色建材”，就成为一个难点。现阶段相关权威机构还没有发布有关绿色建材的评价标准，但是市场对绿色建材评价标准的需求比较强烈，所以为了规范各个地区绿色建材市场的发展，急需制定符合各个地区特色的绿色建材评价体系[6]。

《绿色建材评价标识管理办法》指出，绿色建材是在全生命周期内可减少天然资源消耗、减轻对生态环境的影响，具有“节能、减排、安全、便利和可循环”特征的建材产品。绿色建筑材料是绿色建筑的物质基础，绿色建筑的首要任务就是建筑材料的绿色化，作为绿色建筑实现跨越式发展的助推器，建筑材料绿色度认证在我国还没有受到足够的重视和认可，政府有关部门对建筑材料绿色度认证的宣传力度及鼓励政策还不够，市场诱导微弱，法律法规保障力度不够完善；同时，我国建筑材料企业综合水平参差不齐，建筑材料产品种类和用途地域性差别较大[1]。我国从2013年开始成为世界上最大的建筑材料生产国和消费国。党的十八大提出要坚定不移地坚持绿色生态文明发展道路，推进生态文明建设。《中国制造2025》提出要全面推行我国的绿色制造行业，《促进绿色建材生产和应用行动方案》提出要促进绿色建材行业发展。如何有效地、具有针对性地实施建筑材料绿色度认证和管理是目前急需解决的问题。

1.1.2 研究意义

随着“绿色”理念的深入人心，市场上的“绿色”建材产品琳琅满目、层出不穷，国家生态环境部与卫生健康委员会曾对市场上的“绿色建材”进行了一项调查研究，结果显示，这些所谓的“绿色建材”中60%的产品含有毒污染物[7]。板材以及其加工制成的产品在使用过程中释放出大量甲醛，劣质乳胶漆、黏合剂、油漆、涂料等可释放出过量苯、甲苯、二甲苯等，人造板材、泡沫隔热材料、塑料板材、油漆和涂料等可释放出挥发性有机物（TVOC），某些水泥、大理石、瓷砖等建筑材料可释放出过量放射性物质——氡，而有些混凝土防冻剂、膨胀剂和早强剂等外加剂以及防火板中的阻燃剂可散发过量氨[8]。国际癌症研究机构确定苯、甲苯、二甲苯、甲醛为可疑致癌物，甲醛的过量摄入会造成肺、肝及免疫功能异常[9]。为了限制这些有害人体健康以及严重污染环境的建材产品的生产，制定绿色建材评价标准具有现实意义。

绿色建材循环利用大量建筑工业废弃物，采用了清洁生产技术，与传统建材产品的一次性、高资源消耗、高能源消耗、高污染的特点不同，能够有效节约自然资源、能源，减少环境污染。迄今为止，国际上尚未有一种认证标志，能从建筑材料的原材料采集、生产制造、使用和废弃回收各阶段对建筑材料的资源消耗、能源消耗、环境污染、资源再利用、人体健康、人体舒适和产品经济性等各项指标进行全方面综合评价，从而对建筑材料的绿色度等级做出评判。此外，缺少统一有效、科学合理的绿色建材产品评价体系，缺乏全面的绿色建材产品环境影响方面的数据和信息，难以形成关于绿色建材产品环境方面全面有效的评价。我国绿色建材产品的质量较差，生产的技术水平较低，开发、制造、检测等方面处于刚起步的阶段，水平较低。绿色建材产品的认证机构混乱，绿色建材的认证制度不规范，未形成科学规范的环保标准形式及规格，消费者对绿色建材产品的认知不到位，消费者不信任产品。

建筑材料的绿色度认证和评价不仅要注重建筑材料的安全性和实用性，还要有利于减少人身伤害和财产损失，节省大量的社会反复检查的费用和成本，建立绿色建材产品科学合理的综合评价方法和体系，通过科学、合理、规范的建筑材料的绿色度认证和评价，政府可以提高建筑材料的产品质量，企业可以及时得到反馈的产品质量信息，用户可以根据评价标准来维护自身的权益。建材企业可以进行绿色建材产品规划，提出相应的可行性建议和对策，生产更加符合当代消费者需求的绿色建材产品，提高企业的信誉，为企业带来更丰厚的利润；消费者可以选购到满意的产品。因此，在绿色建筑背景下，结合生命周期评价理论，研究建筑材料的绿色度认证和评价机制，对降低建筑材料及其制品的能耗，使企业合理地利用资源，减少对环境的污染，发挥建筑材料区域特色优势，完善我国绿色建筑技术支撑体系，促进我国绿色建筑的快速发展，具有积极的意义。同时可以规范建材企业的行为，提高建材企业人员的素质，确保产品的质量，最终拉动社会经济的发展。还为我国绿色建材认证制度的改善、科学规范的环保标准形式与规格的形成提供参考，规范国内绿色建材产品市场秩序。促进绿色建材的生产和应用，是拉动绿色消费、引导绿色发展、促进结构优化、加快转型升级的必由之路，是绿色建材和绿色建筑产业融合发展的迫切需要，是改善人居环境、建设生态文明、全面建成小康社会的重要内容。

1.2 国内外研究现状

1.2.1 国外建筑材料绿色评价研究进展

1992年，国际学术界明确提出：绿色建筑材料是指在原料采取、产品制造、使用或再循环以及废料处理等环节中对地球环境负荷最小和有利于人类健康的材料[10]。发展绿色建筑材料是未来建材行业发展永恒不变的主题，开发一套科学的、客观的、操作性强的、可被量化评价的建筑材料绿色评价指标体系，促进真正的绿色建材的发展，已经成为各国专家、建筑业学者和政府机构的共识。自20世纪80年代以来，工业发达国家相继建立了建筑的绿色评价体系，作为建筑评价体系的重要组成部分，并相应形成了不同形式的建筑材料评价体系[11]，如英国的BREEAM（Building Research Establishment Environmental Assessment Method）[12-14]、美国的LEED（Leadership in Energy and Environment Design）[15]、德国的DGNB（Deutsche Guetesiegel Nachhalteges Bauen）、加拿大的GBC（Green Building Challenge）、日本的CASBEE（Comprehensive Assessment System Building Environmental Efficiency）、新加坡的GM（Green Mark）、澳大利亚的NABERS（National Australian Building Environmental Rating System）等[16-21]。

（1）BREEAM评价体系和标准

BREEAM是由英国建筑研究组织于1990年制定的，它为当时绿色建筑实践提供权威性的指导，是世界上在建筑绿色性方面的第一个评估体系。BREEAM评价体系和标准反映了英国绿色建筑工业的发展，是绿色建筑评价领域的典范[22]。BREEAM系统是根据建筑物的环境性能进行评分，然后根据分值的大小授予评价对象绿色认证的制度，根据评价对象满足评估条款相应标准的情况，授予“合格、良好、优良、优异”四个级别评定，其评价条款有七个方面，具体包括土地利用与生态、材料使用、能源消耗、水资源的有效利用、健康与舒适、污染和运输。其中每个方面内容中还包含若干子条目，各对应不同的得分点，满足要求即可得到相应分值。BREEAM 根据建筑的施工阶段不同可以分成 BREEAM 中期认证和 BREEAM 最终认证两个认证过程，其中 BREEAM 中期认证是对建筑的设计阶段进行认证，而 BREEAM 最终认证是对建筑施工后的认证。该评估体系基于建筑全生命周期，评估体系采用条款式，易于理解，而且可根据实际情况增加评估条款。然而此评估体系同样存在局限性，评价指标体系和条款具有明显的地域性，该评价体系只适用于英国国情，适用性受到限制；另外，BREEAM 比较难掌握，需要有经验的 BREEAM 认证工程师来对申请的建筑进行认证。BREEAM 评价体系及权重见表 1.1。

表 1.1 **BREEAM 评价体系及权重**

BREEAM 条款	权重
土地利用与生态	0.17
材料使用	0.15
能源消耗	0.21
水资源的有效利用	0.14
健康与舒适	0.12
污染	0.14
运输	0.07
合计	1.00

（2）LEED 评价体系和标准

1998 年，美国绿色建筑委员会 USGBC 首度开发并推行了一套全新的绿色建筑评估体系——LEED。这套绿色建筑评估体系是从建筑的全生命周期出发，强调在建筑设计的任何过程中的系统思考和整合设计的理念，主要是通过能源和大气、室内环境品质、工程现场状况、材料和资源、水资源的有效利用和设计过程及创新性等 7 个方面对建筑进行评估与分析，在每个项目里包含若干个得分点，若评价对象满足条款所规定的要求，可获得相应的分值，把得分总和用铂金、金、银、铜四个等级作为评估结果[23]。根据评价对象最后的分值高低授予相应的认证等级。LEED首次采用了第三方认证机制，增加了认证的权威性和信誉度；评定标准专业化且评定范围已扩展形成完善的链条；体系设计简洁，便于理解和实施评估。然而此评估体系同样存在局限性：未对建筑全生命周期的环境影响做出全面考察。此外，LEED缺乏灵活性，在评价过程中不能根据区域条件的差异进行相应调整。这一点使LEED不具有通用性，其评价内容和评价方法并不能完全适用于其他国家。与BREEAM相比，LEED结构相对简单，操作过程较容易，但缺乏权衡系统的制约。LEED评价体系及权重见表1.2。

表1.2 **LEED评价体系及权重**

LEED条款	权重
能源和大气	0.25
室内环境品质	0.22
工程现场状况	0.20
材料和资源	0.19
水资源的有效利用	0.07
设计过程及创新性	0.07
合计	1.00

（3）DGNB评价体系和标准

DGNB由德国绿色建筑协会（German Sustainable Building Council，GSBC）和德国联邦交通、建设与城市规划部（Bundesministerium für Verkehrbau und Stadtentwicklung，BMVBS）共同编制，是德国的绿色建筑评估系统，也是继以BREEAM和LEED为代表的第一代绿色建筑评估体系后的第二代绿色建筑评估体系[24]。作为第二代评估体系的代表，DGNB比第一代评估体系的评审要求更加严格。DGNB具有很高的权威性，并在欧洲多个国家推广使用。DGNB设有自然价值、经济价值、社会价值三个保护体，目的是保护自然环境，降低全生命周期成本以及保护健康、社会、文化。DGNB 主要从生态质量、技术质量、社会及功能质量、经济质量、程序质量和场址质量6个方面61个类别对建筑进行评估。DGNB评价体系及权重见表1.3。

表1.3 DGNB评价体系及权重

DGNB条款	权重
生态质量	0.225
技术质量	0.225
社会及功能质量	0.225
经济质量	0.225
程序质量	0.100
场址质量	0.000
合计	1.000

（4）GBC评价体系和标准

加拿大的GBC，始于1998年，评估对象涵盖了办公建筑、集合住宅、学校建筑和工业建筑，评价结果分为5个等级。该评估体系由多国参与完成，评估体系适用性较强；各国可根据本地区实际情况对评估体系的条款作增减，并且还可以根据不同区域、不同技术、不同建筑及不同文化的价值取向设置评价性能标准和权重系数[25]。评价内容包括能源和资源消耗、环境负担、室内环境质量、设施质量、经济性能、绿色管理。由于该评估体系的适用性较强，大大削弱了其评价结果的可比性，并且其评估操作太过复杂，不利于在市场大范围推广应用；未建立此评估体系的数据库；主要用作指导设计，未能兼顾设计与认证两种职能。

（5）CASBEE评价体系和标准

日本的CASBEE，是由日本学术界、政府组织和企业界的专家于2001年起共同研究开发的一套绿色建筑评估系统，评估对象涵盖新建筑和现有的建筑[26]。评估内容包括能源消耗、资源再利用、当地环境、室内环境等方面。与BREEAM类似，分为5个等级。CASBEE评估体系明确了建筑物环境效率评价边界，提出以建筑最高点和地边界之间的假想封闭空间作为建筑物环境效率评价的封闭体系，并将建筑环境效率BEE（Building Environmental Efficiency）作为评估体系的定量评价指标，评价对象更加具有广泛性、实用性和可操作性。CASBEE是亚洲地区非常成熟的绿色建筑评价标准，但其评价指标条款过于烦琐，操作性差。

（6）Green Mark评价体系和标准

Green Mark是由新加坡国家发展部所属建设局（Building & Construction Authority，BCA）于2005年推出的符合新加坡本土条件的首套绿色建筑评估体系。Green Mark是以LEED为参考模板，并结合新加坡的国情，考虑新加坡的气候条件而编写的绿色建筑评估体系。与LEED自愿性质的绿色建筑评估系统不同，Green Mark自2008年起改为强制认证。Green Mark的主要评价对象为住宅建筑以及公共建筑，从节能要求和绿色环境要求2个方面、5个主要指标进行评估，如表1.4所示[27]。评估结果分为4个等级：认证级、白金奖、金奖和超金奖。

表1.4 Green Mark评价体系及权重

Green Mark条款	节能	可再生能源利用	节水	环保	室内环境质量	其他环保措施
居住建筑	0.497	0.138	0.09	0.186	0.041	0.048
公共建筑	0.51	0.127	0.089	0.178	0.051	0.045

目前，国外绿色建筑评价体系可以分为三类：第一类评估体系是针对建筑材料及其构配件进行绿色性能评估，如BEES和Athena等，其中BEES3.0是目前世界上建筑及其制品绿色性能数据最丰富的评估体系之一，评价范围包括了200多种建筑制品的绿色性能数据；第二类评估体系是针对建筑物某一方面的性能进行绿色性能评价；第三类评估体系是针对绿色建设性能的综合评价系统，其中具有代表性的评估体系有BREEAM、LEED和GBTool等[28]。这些绿色评估体系都不是强制性标准，由各个国家的绿色建筑委员会开发，由项目开发商自愿申请进行认证，建筑委员会组织专业评审人员进行评定，在制定初期很大程度上是作为一种市场推广工具来使用。目前，世界绿色建筑委员会（World Green Building Council）已经成立，用来协调各个国家绿色建筑评价体

系的建立以及各个成员委员会的交流与沟通。

1.2.2 国内建筑材料绿色评价研究进展

我国在绿色建筑评价方面的发展也十分迅速，目前，国内绿色建筑评价体系主要有《中国生态住宅技术评估手册》《绿色奥运建筑评估体系》《绿色建筑评价标准》[29-32] 等，见表1.5。

表1.5 **国内绿色建筑评估体系**

评估对象	评估体系名称	评估内容
住宅生态体系	《中国生态住宅技术评估手册》(2001)	规划设计、能源与环境、室内与住区环境、材料与资源
首都大型公共建筑	《绿色奥运建筑评估体系》(2003)	环境、能源、水资源、材料与资源、室内环境质量
住宅、办公建筑、商场和酒店等	《绿色建筑评价标准》(2006、2015)	节地与室外环境、节能与能源利用、节水与水资源利用、节材与材料资源利用、室内环境质量和运营管理
住宅	《中国绿色低碳住区技术评估手册》(2011)	住区规划与住区环境、能源与环境、室内环境质量、住区水环境、材料与资源、运营管理等，建立绿色生态区评估体系
住宅	《低碳住宅与社区应用技术导则》(2011)	规划、设计、施工、运营管理等方面制造技术和管理措施

早在2001年，我国便推出了评估生态住宅的评价体系《中国生态住宅技术评估手册》，预示着我国在“绿色建筑评估”这一领域的研究迈出了关键性的一步，同时也推动了我国绿色建筑领域向积极的方面发展。《中国生态住宅技术评估手册》从5个方面出发，共有118个评价指标对住宅建筑进行全方面的系统性评价。在《中国生态住宅技术评估手册》中，定性指标过多而定量指标过少，一些指标的评估标准过低，导致其不足以减少住宅建筑对周围环境的不良影响。

2003年10月，我国推出了第一个具有实际意义的绿色建筑评价以及论证体系——《绿色奥运建筑评估体系》(GBCAS)。《绿色奥运建筑评估体系》由清华大学（建筑学院、土木工程系）、中国建筑科学研究院等9家权威单位及华南理工大学、美国自然资源保护委员会（NRDC）等4家协助单位共同研究完成。《绿色奥运建筑评估体系》是在美国LEED认证和日本CASBEE的基础上，结合我国的具体国情对北京奥运场馆的建造进行独立考量的首个绿标。评估内容有环境、能源、水资源、材料与资源、室内环境质量五个方面。在具体评分时把评估条例分为Q和L两类：Q（Quality）是指建筑环境质量和为使用者提供服务的水平；L（Load）是指能源、资源和环境负荷的付出。综合二者对建筑物的“绿色”程度进行全面评价。该评估体系的优点在于使我国的绿色建筑评价有了量化标准，在项目实施中有了具体可行的评判标准，然而其只限于对北京地区、奥运场馆及其附属建筑的评价，且评价内容相对简单，准确性也有待提高。

我国2006年发布的《绿色建筑评价标准》中把绿色建筑定义为“在建筑全生命周期内，最大限度地节约资源（节能、节地、节水、节材）、保护环境和减少污染（简称‘四节一环保’），为人们提供健康、适用和高效的使用空间，与自然和谐共生的建筑物”。评价内容有节地与室外环境、节能与能源利用、节水与水资源利用、节材与材料资源利用、室内环境质量和运营管理六大项内容。每大项中还分为控制项、一般项和优选项3类，每类中包含若干具体评价指标。其中，控制项为绿色建筑的必备条款；优选项主要指实现难度较大、指标要求较高的项目。按满足一般项和优选项的项目个数评价建筑的绿色性，评价结果分为三个等级。2015年1月1日，由住房和城乡建设部批准，在2006年老版《绿色建筑评价标准》基础上修订的新版《绿色建筑评价标准》正式启用，其标准编号改为GB/T 50378—2014。新版《绿色建筑评价标准》与老版《绿色建筑评价标准》的评估方式不同，其采用打分评级方式，不同于老版的按照达标条文数评级的方式，这使得达到新版《绿色建筑评价标准》的难度增加。

我国绿色标识项目认证数量呈现逐年增长的趋势，从2008年的10个项目到2013年的516个项目，数量翻了50余倍。以2013年为例，公建项目202个，约占总量的39%；住宅项目304个，约占总量的59%；

工业建筑10个，约占总量的2%，虽然比重较低，但体现了我国绿色建筑评价体系架构日臻完善的趋势。《绿色建筑评价标准》2006版制定之初，评价对象仅包括住宅和公建两类，其中公建指办公、商场和旅馆三种建筑类型。随着近年来绿色建筑认证范围的扩大，参与评价以及通过认证的建筑类型已远不限于办公、商场和酒店，此时的评价体系需要更加多元的评价工具，以满足快速发展的绿色建筑评价的市场需求。因此，近年来我国住建部、各地方主管部门、绿标办、绿建委和各大科研院所在《绿色建筑评价标准》2006版的体系框架之上，从建筑类型角度编制颁布了一系列的国家标准、行业标准和学会标准[33]。

可以看出，目前国内外的绿色评价体系覆盖范围较广泛，评价内容比较丰富，然而评价方法简单，评价指标体系缺乏层次性和逻辑性，评价内容简单。科学地建立绿色建筑和建筑材料“绿色度”标准与评估体系，不仅仅是简单地罗列若干条原则及描述几条特征，应该加强评价指标体系的定量化评价，能够在某种程度上使指标规范化，推动一个新鲜事物向前发展，促使建筑材料在设计、生产、使用、维护、废弃处理过程中更多地考虑到环境因素，从节能、健康、舒适、环保、生态和经济角度引导建筑材料向绿色建材发展[34-36]。

1.2.3 国内外绿色建筑材料认证

由于国情不同，国家发展情况不同，各国“绿色建材”的概念和绿色建材的标准认证研究并不统一，多数国家对绿色建材的评估体现在绿色建筑评估上。现代的第三方认证制度始于英国，1903年，英国工程标准委员会首创使用第一个质量标志——风筝标志。自20世纪30年代开始，质量认证得到较快的发展，到20世纪50年代，基本已经普及到所有工业发达国家，20世纪70年代开始在第三世界推行。从第三方认证制度的形成到如今已有百年多的历史，世界各国的产品认证得到了迅速的发展和广泛的普及。英国的BS认证、法国的NF国家标志、德国的DIN检验和监督标志、德国电气工程师协会的VDE标志、日本的JIS标志、美国保险商实验室的UL标志、欧洲的CE标志都是世界上很有信誉和权威的产品认证标志[37, 38]。我国的质量认证开始于1980年，1993年实行绿色标志认证制度，并制定了严格的绿色标志产品标准，目前涉及如家用制冷器具等7类产品，并且有的企业获得了绿色标志。但由于我国没有建立符合国际惯例的认证制度，因此已有的一些产品质量监督形式得不到国际的认可，在国际贸易中经常蒙受经济损失和遇到技术壁垒。目前，许多推行第三方认证绿色产品制度的国家，采用定性或简化定量产品全生命周期的方法来制定绿色产品的标准。也有一些国家采用有利于环境保护、资源回收和对人体健康危害较小等一些原则作为制定绿色产品标准的依据。所以，各国的绿色产品评价指标与标准有一定的差异，发达国家的产品评价标准明显高于发展中国家。总的来说，环境标志的确定未考虑产品的技术性和经济性，因此这种具有环境标志的产品只是相对于其他功能相当的同类产品对环境的影响或危害较小，评价体系还有待进一步完善。

综合国内外的绿色建筑认证和评价体系来看，评估体系的基本模式是制定定量的评分体系，对评价内容采用模拟预测的方法得到定量评价指标，再根据定量评价指标进行分级评分，如加拿大的GBTools、美国的LEED、英国的BREEM。对于难以定量计算的指标，则采用定性方法分析。首先，目前国内外建筑材料绿色评价体系中评价指标覆盖范围较广泛，评价内容比较丰富，然而评价内容只是由若干个评价条款简单罗列，评价指标体系缺乏层次性和逻辑性；其次，评价方法简单，结果过于依赖评价者的主观性[1]。可以看出，绿色建筑材料发展至今还没有形成统一的标准和规范，没有绿色建材认证制度。总的来说还过于笼统，不能涵盖每种具体的建筑材料的绿色度评价，尚处于起步阶段。这就导致目前市场上的建筑材料虽然都符合国家标准，但是同类材料不同品牌之间差异不大，都是仅仅做到符合国家标准即可，而缺乏研制生产过程中更加“绿色”的动力。

1.3 评价体系和方法的研究进展

绿色度评价工作涉及材料科学、设计与制造科学、信息技术、资源及环境保护学、系统工程理论等多门学科，是一个极其复杂的过程。不同国家（地区）、不同领域都结合自己的实际情况和行业特点提出了不同的绿色产品评价体系，见表1.6。目前，关于绿色建筑及建筑材料的评价和认证主要包括三个方面的内容：建立评价指标体系、确定评价指标的标准和评价。通常情况下，完整的综合评价体系由三部分组成：评价指标体系、评价指标权重的确定和综合评价方法。综合评价体系已经在建筑、经济、工程、管理和农业等各领域内得到广泛的应用。绿色度是材料绿色程度综合评价的量化，它需要构建一个合理的评价模型，模型构建得成功与否将直接关系到评价工作的可信性和可行性，因而评价模型应兼具科学性和可操作性。

表1.6 国内外的绿色建筑评价体系

	国家（地区）	评价体系名称
1	英国	Building Research Environmental Assessment Method
2	美国	Leadership in Energy and Environmental Design
3	加拿大	Green Building Challenge
4	德国	Deutsche Guetesiegel Nachhalteges Bauen
5	新加坡	Green Mark
6	澳大利亚	National Australian Building Environmental Rating System
7	日本	Comprehensive Assessment System Building Environmental Efficiency
8	挪威	Eco-profile
9	瑞典	Eco-effect
10	中国香港	The Hong Kong Building Environmental Assessment Method
11	中国台湾	《绿建筑解说与评估手册》
12	中国大陆（内地）	《绿色建筑评价标准》
13	法国	Escale
14	荷兰	GreenCalc
15	芬兰	Promis E

1.3.1 评价指标体系

（1）评价指标体系结构

评价指标体系是指由表征评价对象各方面特性及其相互联系的多个指标所构成的具有内在结构的有机整体。评价指标的结构主要分为简单集合结构、树型结构和丛型结构[39]。简单集合结构中，指标同属于一个集合，指标之间相互独立，不需进行综合计算就可较为直观地对整个系统进行评价。树型结构和丛型结构的评价指标体系指标间具有层次性的隶属关系，树型结构的指标，下级指标唯一隶属于它的上级指标，而丛型结构的指标可以隶属于两个或两个以上的指标。

（2）评价指标体系构建

绿色建筑材料发展至今还没有统一的标准和规范，没有绿色建筑材料认证制度。绿色建筑材料的产品的定义、评价和认证工作是发展绿色建筑材料的基础性工作，是世界各国目前研究的热点。评价指标体系是为实现一定的目标，由若干个具有一定相互关系的指标所构成的指标群体[40-45]。

构建评价指标体系的方法主要有调研法、目标分解法和多元统计法等[46-52]。调研法是通过直接或间接调查研究方法收集相关评价指标，利用比较分析方法进行归类分析，并根据评价目标设计评价指标体系，以问卷的形式把所设计的评价指标体系给有关专家审阅，对其进行最终确定。目标分解法是通过对评价目的进行分解来构建评价指标体系。从对评价目的开始逐次分解，直到分解出来的指标达到可测的要求。多元统计法是通过聚类分析、主成分分析和因子分析等统计方法，对初步拟定的评价指标进行聚类分析，找出初拟定指标之间的有机联系，然后再利用主成分分析法找出初拟定的指标体系中起关键作用的指标。最后对初拟定指标进行因子分析，指出评价指标体系中各指标的主次位置。

1.3.2 评价指标权重的确定

指标权重是用定量的方式表示指标相对重要程度，是综合评价的重要参数。目前，确定权重的主要方法分为主观赋权法和客观赋权法[53-55]。主观赋权法是通过专家或决策者判断评价指标相对于评价目标的重要程度，如层次分析法（AHP）、Delphi法和专家咨询法等。Delphi法和专家咨询法是根据多位专家的知识、经验对评价指标体系进行分析、权衡判断、确定指标权重大小。专家或决策者的分歧意见在规定可允许的范围内停止修改[56, 57]。客观赋权法是根据评价指标具体的数据信息，运用统计分析方法计算而确定权重，常用的客观赋权法有BP神经网络法、熵权法和因子分析法等。主观赋权法的不足之处在于受主观因素影响较大，具有主观随意性；优点在于不需要评价指标具体数据，即可计算出评价指标权重，相对客观赋权法而言，计算过程较为简单[32]。主观赋权法和客观赋权法已在建筑、制造、工程、管理等领域确定评价指标权重中得到广泛的应用。虽然主观赋权法难以摆脱人为主观因素的影响，不如基于大量评价指标数据计算的客观赋权法更具有客观性。然而，客观赋权法关注的是评价指标间的差异程度，并不一定能够真实客观地反映指标对于评价目标的相对重要性。因此，在确定评价指标权重时，人们往往更优先考虑选用主观赋权法。

1.3.3 综合评价方法

绿色建材的评价是一个综合指标评价问题，所谓综合指标评价，就是通过某种数学模型将多个评价指标综合成一个整体性的评价值。用于绿色建筑材料常用的评价方法有：单因子评价方法和生命周期评价方法（LCA）[58-60]。此外，还有能源评价法、环境负荷单位法[61]、生态指数法[62]、环境商值法[63, 64]、经济性指标法[65]、环境影响因子法[66, 67]、生态指数法[68]、生态因子法[69, 70]等。从综合评价方法的计算方法来看，用于建筑、经济、工程、管理等领域的综合评价方法有加权平均法、理想解法（TOSIS）、模糊综合评价法、主成分分析法、灰色关联分析法和可拓评价方法。加权平均法通过简单的加权计算得到评价结果，计算简单，适用于评价对象的指标是比例型数据。理想解法的基本思想是根据评价指标数据确定最优解和最劣解，然后综合考虑评价对象与理想解和负理想解之间的接近程度，依据此确定评估结果。模糊综合评价法通过构造隶属函数，划分评价指标的归属等级，适用于评价复杂体系，能够将定性问题定量化分析。主成分分析法是依据评价指标原始数据，构造数学评价函数，将多个相关指标转化为少数几个指标。灰色关联分析法根据曲线形状的相似性衡量特征序列与参考序列的相似程度，将这个相似程度定义为两者之间的灰色关联度，关联度越大说明两者之间越接近，反之亦然。灰色关联度计算的不足之处在于仅考虑到评价对象与理想解序列的接近程度，没有考虑到与负理想解序列的接近程度。可拓评价方法宏观决策处理的对象是系统，系统与子系统之间，各个子系统之间，存在着大量的矛盾问题，可拓决策以可拓集合为数学工具，用关联函数来分析决策对象各目标间的相容性，通过物元变换化矛盾问题为相容问题。虽然上述几种综合评价方法在建筑、经济、工程、管理领域中得到了广泛应用，但各自都有其适用情况和局限性。

1.4 本书的研究目标、研究内容和研究方法

建筑材料种类繁多，绿色建材相对于传统建材来说是一种新型的建材，它不仅包括环境协调性的新型材料，也包括环境协调化的传统建材。建筑材料不仅包括水泥、混凝土、陶瓷、玻璃、砂石、砖等传统材料，还包括具有保温隔热、防水防火、吸声隔音等功能的新型材料。建筑材料有很多种分类，按使用部位和功能性分为建筑结构材料和建筑功能材料，前者主要侧重于原材料选用中节约资源，生产过程中节约能源，减少粉尘、噪声和三废的污染，以及增加使用中的耐久性；而后者则主要侧重于生产过程中是否使用有毒有害物质，生产工艺是否符合环保的要求，使用中是否会对环境和人体健康造成危害。本书主要以硅酸盐水泥为例，应用物元分析评价方法对建筑材料的绿色度进行评价。

1.4.1 研究目标

绿色建筑材料发展至今还没有统一的标准和规范，没有绿色建材认证制度。本书将在结合我国具体国情、社会现状的基础上，借鉴国外研究成果，分析国内已有研究文献，针对完善我国绿色建材评价和认证制度这一核心问题，运用全生命周期评价理论，构建建筑材料绿色度评价框架，建立建筑材料绿色度物元分析评价模型，并以硅酸盐水泥作为研究对象，对其进行建筑材料绿色度认证和评价，为绿色建筑的发展提供技术支撑，为政府制定发展政策。

1.4.2 研究内容

在绿色建筑视角下，结合生命周期评价理论，本书试图建立建筑材料绿色度评价框架、评价程序和评价模型，并以硅酸盐水泥材料为案例阐述该评价方法的具体应用。具体研究内容如下：

（1）构建建筑材料绿色度评价框架

在对绿色建材评价研究的基础上，结合生命周期评价理论，构建建筑材料绿色度评价框架。选取评价指标，对评价目标的内涵与外延做出合理解释，划分概念的侧面结构，明确评价的总目标，对每一子目标或概念侧面进行细分解，确定系统边界；在原材料的采集、生产制造、使用功能要求和废弃回收各阶段，建立建筑材料资源、能源和环境排放清单，借以对建筑材料绿色度认证和评价研究提供理论基础和保证。

（2）建筑材料绿色度评价模型研究

在建筑材料绿色度评价框架下，对建筑材料全生命周期资源、能源和环境消耗和影响进行分析，构建用于评价建筑材料绿色度的综合评价指标，结合物元分析方法，建立建筑材料绿色度物元分析评价模型。

（3）确定评价指标的权重

在分析AHP法确定评价指标权重的原理的基础上，针对单人AHP赋权法和客观赋权法存在的不足，构建群体AHP赋权法模型对评价指标进行赋权。邀请26位建筑材料领域专家，对建筑材料绿色度评价指标体系构造判断矩阵，判断矩阵的自身一致性和群体一致性，并根据群体AHP赋权法计算得到各评价指标的综合权重。

（4）硅酸盐水泥材料绿色等级认证

产品评价标准的制定必须遵从国家、建筑行业和地方规定的标准。在对国家或行业相关规范标准、相关文献数据、国家统计年鉴等资料进行分析和实地调研的基础上，确定评价指标可以达到的上下限值，采用线性插值法确定水泥材料评价指标的等级标准值。

（5）实证研究

对大连某水泥生产企业进行实地调研，以三种类型水泥产品PC32.5R、P042.5R、 PII 52.5R为评价对象，评价水泥材料的绿色度，对模型进行验证并划分水泥材料的绿色等级。

1.4.3 研究方法

本书将理论分析与实证分析相结合，定性分析与定量分析相结合，通过演绎和归纳法，规范研究与案例分析法，现场调研与专家访谈法，以期建立建筑材料绿色度评价模型和认证标准。具体如下：

（1）演绎和归纳法

查阅相关文献，在国内外绿色建材的认证和评价研究的基础上，对建筑材料绿色度的概念、常用的认证和评价方法进行梳理，对生命周期评价方法进行系统学习，并将其应用于建筑材料绿色度认证和评价中。

（2）规范研究与案例分析法

深入分析生命周期评价方法、层次分析法和物元分析方法等基本理论，为建筑材料的绿色度认证和评价研究提供坚实的理论基础。在建筑材料绿色度框架下，构建建筑材料绿色度评价指标体系，并以水泥材料为例进行实证研究。

（3）现场调研

现场调研是本书主要研究方法之一，因为目前国内对建筑材料绿色度尚未建立起完整的数据库，所以大量数据通过现场调研获得。本书研究重点之一以硅酸盐水泥材料绿色度评价为例，调研对象为辽宁周边具有行业平均水平的水泥厂、搅拌站、骨料厂。

（4）专家访谈法

专家访谈共包括两个部分：

调研现场的专家访谈。在调研时对工作在一线的技术负责人以及操作工人进行访谈，了解行业现状以及当前使用最普遍的工艺流程，获得大量的原始数据。

行业专家的访谈。这主要包括水泥材料专家学者，具有多年行业经验的工程师，以及混凝土、骨料运输方面的资深从业人员。

本书拟通过定性和定量相结合的研究方法，结合生命周期评价理论，提出建筑材料绿色度的含义和标准，构建建筑材料的绿色度评价体系和模型，对建筑材料的绿色度进行认证和评价，完善我国绿色建筑技术支撑体系，促进我国绿色建筑的快速发展，有利于相关各方做出正确选择，引导绿色消费。

1.5 技术路线

本书的研究主要遵循以下步骤：首先，在查阅国内外相关文献的基础上，采用生命周期评价方法，构建建筑材料绿色度评价框架；其次，在此基础上，结合物元分析方法建立建筑材料绿色度认证和评价模型，实证分析水泥材料的绿色度，具体如图 1.1 所示：

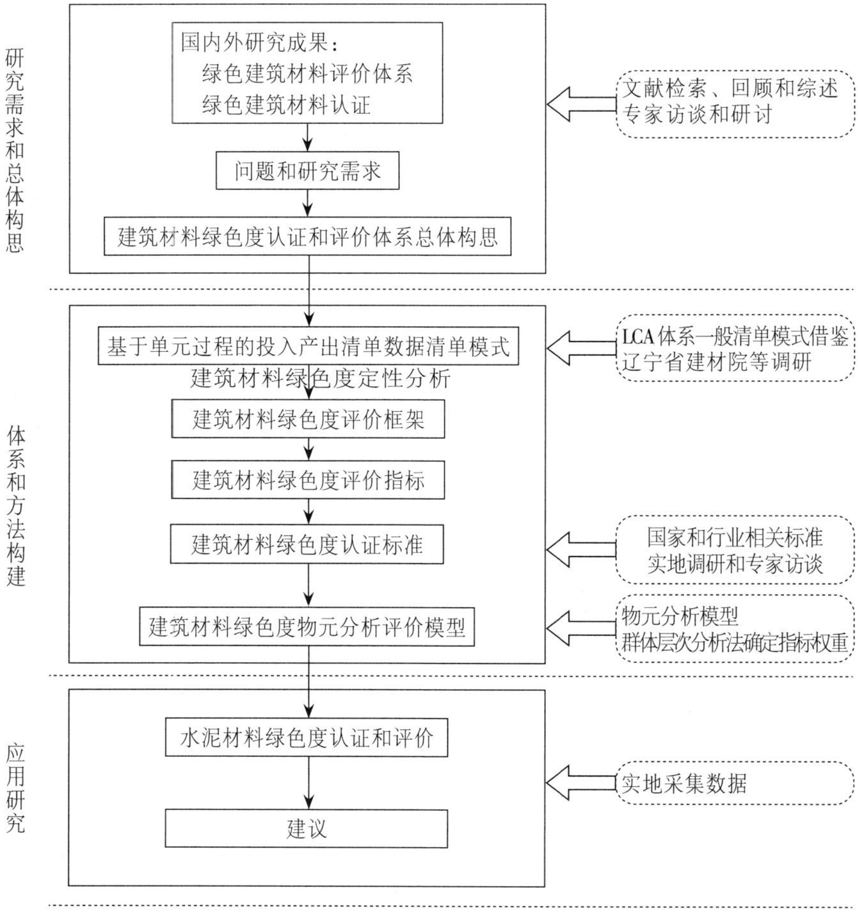

图 1.1 本书的研究框架与技术路线

1.6 创新之处

随着世界各国对应对气候变化和加快转型发展的问题愈加关注，低碳生态城市和绿色建筑被寄予厚望。绿色建筑的首要任务就是建筑材料的绿色化。关于建筑材料绿色度认证和评价研究，国外的发展比较迅速并形成了相关体系，其中定性的影响评价系统已经趋于成熟，BREEAM 和 LEED 在条款式评价领域具有核心作用；国内则大多是条款式的定性评价，借助于验收规范和设计标准等，对建筑材料最终的各项指标进行等级评定，而进行定量评价的研究很少，以生命周期为评价范围的定量研究更少一些。本书具有以下创新之处：

（1）研究视角创新。建筑材料的绿色度评价涉及资源、能源、环境、经济和社会等方面，建筑材料的经济性一直是人们关注的重点，然而对建筑材料的功能和成本则还没有比较完整的共识，因而这方面研究亟须进一步完善、深入与系统化。

（2）研究框架创新。迄今为止，国际上尚未有一种认证标志计划是从建筑材料的原材料采集、生产制造、使用和废弃回收各阶段对建筑材料的资源消耗、能源消耗、环境污染、资源再利用、人体健康、人体舒适和产品经济性等各项指标进行全方面综合评价，从而对建筑材料的绿色度等级做出评判。本研究结合生命周期评价理论，建立材料的生命周期清单数据库，从建筑材料的功能和成本两个方面构建建筑材料绿色度评价框架体系，建立绿色度物元分析评价模型，对建筑材料的绿色度进行评价。以该框架和评价模型为基础，建立硅酸盐水泥材料的生命周期清单数据库，对硅酸盐水泥材料绿色度进行认证和评价。

（3）研究方法创新。本书结合生命周期评价理论，将建筑材料的环境影响评价与建筑材料有效地结合起来，给出基于生命周期成本的建议，为建筑业绿色化发展提供新的分析工具。通过实地调研和专家咨询，逐步完善建筑材料绿色度评价的数据库，为绿色建筑的认证和评价奠定基础。

2 全生命周期评价理论

在建设项目全生命周期各阶段，建筑业对经济、社会和环境产生重大的影响。比如，在施工过程中将会消耗大量的自然资源，也会产生噪声、粉尘、水污染、交通堵塞以及固态废弃物的排放。建筑物完工后，还会对环境产生重大影响。根据世界可持续发展工商理事会（World Business Council for Sustainable Development）的统计数据，建筑物占用所有能耗的40%。世界可持续发展工商理事会在其Vision 2050：The New Agenda for Business的报告中，把建筑业列为对可持续发展未来做出重大贡献的九大支柱产业之一。绿色建筑材料是绿色建筑的物质基础。绿色建筑的全生命周期过程涉及建筑材料从设计建造，到运营以及拆除的全过程输入输出。在整个生命周期过程中，都会消耗人力资源、自然资源，并使用机械设备等，对自然环境都有重大影响[71,72]。因此，在绿色建筑背景下，建筑材料绿色度的研究需要从全生命周期的视角进行研究。

2.1 全生命周期评价的发展历程

全生命周期分析理论（Life Cycle Assessment，LCA）是绿色建筑相关研究的一个最主要的研究理论与方法，这一理论把建筑视为一系统，将材料流以及能耗流进行量化并加以评估。全生命周期理论的优势在于，跳出传统的关注单一阶段对可持续发展的影响（如当前的施工阶段），而把范畴扩展到之前的阶段，如建筑材料的开采、制造、运输，以及未来的阶段，如从原材料的获取，产品的生产、使用直至产品使用后的处置过程中，对环境产生影响的技术和方法。从其发展历程看，大致分为三个阶段：

（1）萌芽阶段

全生命周期评价最初应用可追溯到1969年美国中西研究所（Midwest Research Institute）开展的针对美国可口可乐公司对不同饮料容器的资源消耗和环境释放所作的评价研究，是公认的寿命周期评价研究开始的标志[73]。该研究试图对从原材料的采掘到最终的废弃处理，进行全过程（从摇篮到坟墓）的跟踪与定量分析，从而揭开了LCA的序幕。

（2）探索阶段

20世纪70年代，由于全球能源危机的爆发，很多研究工作将重点从污染物排放转向能源分析和规划。70年代中期，部分国家开始积极支持并参与全生命周期评价的研究。1975年，美国国家环保局开始放弃对单个产品的分析评价，而转向如何制定能源保护和固体废弃物减量目标。同时，欧洲经济合作委员会（ECC）也开始关注全生命周期评价的应用。1984年，“瑞士联邦材料测试与研究实验室”为瑞士环境部开展了一项有关包装材料的研究。该研究首次采用了健康标准评估系统，即后来发展成为的临界体积法。该研究引起了国际学术界的广泛关注，并被许多研究采用。该实验室据此理论建立了一个详细的清单数据库，包括一些重要工业部门的生产工艺数据和能源利用数据。

（3）迅速发展阶段

随着区域性与全球性环境问题的日益严重，人们的环境意识逐步加强，全生命周期评价获得了前所未有的发展机遇。1990年8月，国际环境毒理学与环境化学学会（SETAC）首次主持召开了有关全生命周期评价的国际研讨会，会上首次提出了“全生命周期评价”的概念。以后的几年，SETAC又主持和召开了多次学术研讨会，对生命周期评价从理论与方法上进行了广泛的研究，1993年出版的纲领性报告《全生命周期评价纲要：实用指南》为LCA评价方法提供了一个基本技术框架[74]。1993年，国际标准化组织（ISO）开始起草ISO14000国际标准，正式将全生命周期评价纳入该体系。为此，ISO成立的“环境管理标准技术委员会”（TC207）在ISO14000系列中为LCA预留了10个标准号，即ISOl4040—ISO14049，其中ISO14040（原则与框架）、ISO14041（清单分析）、ISO14042（影响分析）和ISO14043（结果解释）均已陆续颁布，LCA将成为ISO14000系列标准中产品评价标准的核心和确定环境标志与产品环境标准的基础，从而有效地指导各国LCA工作的开展，为确定环境标志和产品环境标准提供统一的标准。

2.2 全生命周期评价的定义

国际环境毒理学与环境化学学会对LCA的定义为[75]：全生命周期评价是一种通过对产品、生产工艺及活动的物质、能量的利用及造成的环境排放进行量化和识别而进行环境负荷评价的过程；是对评价对象能量和物质消耗及环境排放进行环境影响评价的过程。全生命周期评价包括产品、工艺过程或活动的整个生命周期，即原材料的开采、加工，产品制造、运输和分配，使用、重新利用、维持，循环以及最终处理。国际标准化组织对LCA的定义为[76]：全生命周期评价是对产品系统全生命周期的输入、输出及潜在环境影响的汇集和评价。中国在环境管理方面也制定了全生命周期的国家标准，最新版是2008年发布的GB/T 24040和GB/T 24044，是中国环境标准化技术委员会根据ISO 14040：2006和ISO 14044：2006两项国际标准进行的等同转化，对环境管理方面全生命周期评价的定义、原则、框架，以及要求与指南进行了说明。

ISO14040环境管理生命周期评价系列标准，给出了进行产品生命周期评价的技术框架，但这个框架只是一般的原则和方法，不具有可操作性。建筑产品的LCA评价具有其特殊性：

（1）使用过程时间长，建筑的使用年限一般为50年，主要结构材料与建筑同寿命，装修材料寿命为15～20年，设备材料寿命为10～15年。在漫长的建筑使用期限内，某些使用期限短的建筑产品或建筑材料需要替换；某些建筑产品的表面，如外墙面、楼地面等，需要清洗。

（2）相对于一般产品，建筑产品多出一个施工过程。施工过程可以看作建筑产品的最后一道生产工序，耗费一定的人工和机械，将所需的各种建筑材料按施工图纸的要求，装配成具有一定使用功能的建筑产品。

（3）建筑产品的功能单元定义困难。功能单元（Functional Unit）是在生命周期评价研究中用来作为参照单位的量化的产品系统性能，是不同产品进行横向比较的标准。热工分区、建筑类型、建筑朝向、体形系数等许多因素，制约着建筑产品的性能，定义一个全国统一的某建筑产品的功能单元是不可能的。建筑产品的使用功能因建筑而异，不同建筑产品的功能单元的定义不同。

（4）建筑产品所包含的建筑材料的种类繁多。在建筑的使用过程中，单独的某种建筑材料不具备使用功能。比如$1m^2$的30mm厚的挤塑聚苯板不具有保温功能，只有与耐碱玻璃纤维网格布、塑料锚栓、黏结胶浆、抗裂砂浆一起构成建筑的保温层成为建筑部品，才具有保温绝热的功能。构造层是由多种建材构成的复杂产品，而围护结构包括基层、保温层、防水层、饰面层、找坡层、隔离层等若干构造层次。

结合建筑产品的特点，将生命周期评价的技术框架进一步深化、细化，克服LCA方法的局限性，架构获取基础数据和处理清单数据的方法，制定实用、简便的建筑产品生命周期环境影响的定量评价手册，评价我国建筑产品生命周期全过程的环境表现，才能为设计阶段选择环境影响小的建筑材料、建筑部品提供量化的工具，为旧建材的循环再利用提供数据支撑，为绿色建材的定义和绿色建筑评估中的建材部分提供量化的标准，促进绿色建材和生态建筑的进一步发展。建筑物所使用的全部建筑产品的环境影响的总和，就是建筑物全生命周期环境影响，也可以进一步转换成单位建筑面积的全生命周期环境影响，为绿色建筑的定义提供量化的标准，为绿色建筑评估提供量化工具。

LCA研究及以LCA为基础的相关研究，已经渗透到产品开发、生产管理、采购与消费、资源管理、废弃物管理、区域规划，乃至工业技术研发等各个层面，成为国际社会实现低碳经济和可持续发展的重要的理论和方法基础。在我国，LCA 及其相关应用研究的发展也非常迅速，并力争与国际发展趋势保持一致。ISO 14040 系列标准早被等同转换为国家标准，Ⅲ型环境声明国家标准 GB/T 24025和生态设计国家标准GB/T 24062已颁布实施，碳足迹排放评价规范PAS 2050也已引入中国，并试图建立中国的碳足迹排放评价标准。就建材工业而言，LCA 个案研究已经深入到各类建材产品中，形成了相对完善的环境负荷数据库，初步建立了全生命周期评价指标体系。诸如以上标准与举措的制定、实施极大地推动了我国建材行业 LCA 方法及其应用的研究，也为建材与建筑业实施节能减排和发展低碳经济奠定了良好的基础。大多数学者将建筑视为一个产品，并对产品的生产、使用、废弃处理的过程加以定义。国内学者张又升将建筑全生命周期分为建设和使用两个阶段，建设阶段包括规划设计、建材生产、建材运输、营建施工、建筑物完工等阶段，使用阶段包括日常使用、更新修缮、继续使用、建筑物拆除、废弃物处理等阶段，又可能和建材生产相关联，利用建筑废弃物进行建材再生。

2.3 全生命周期评价的技术框架

环境毒理学与环境化学学会于1993 年提出 LCA 方法的技术框架，将全生命周期评价基本归纳为四个有机联系的部分，如图 2.1 所示。

其包括定义目标和确定范围、清单分析、影响评价和改善评价。

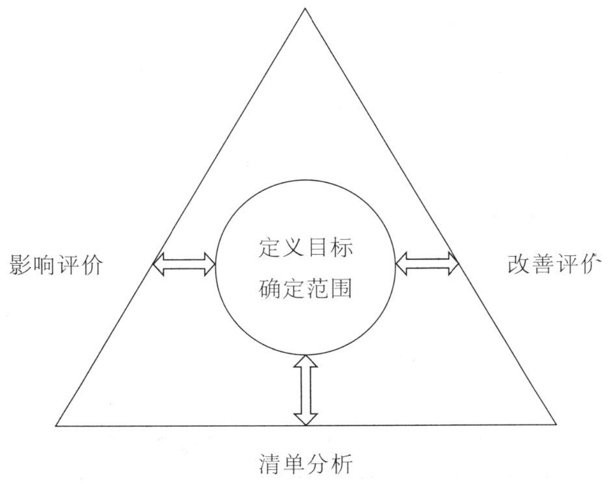

图 2.1　全生命周期评价技术框架

ISO 于 1997 年 6 月颁布了 ISO14040（环境管理—生命周期评价—原则和框架）标准，在原来 SETAC 框架的基础上做了一些改动，ISO14040 将全生命周期评价分为互相联系的、不断重复进行的四个步骤：目的和范围的确定、清单分析、影响评价和结果解释，如图 2.2 所示。

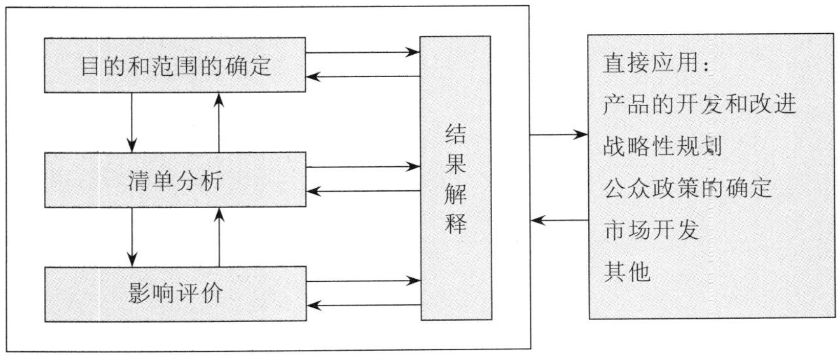

图 2.2　ISO 生命周期评价技术框架

目的和范围的确定（Goal and Scope Definition）：定义目的等边界系统。

清单分析（Inventory Analysis）：收集每个单元进程的相关数据，如能耗以及物质流输入输出，向外部环境（水、土地以及大气）的排放物，从而建立全生命周期清单。

影响评估（Impact Assessment）：评价可能的环境影响，并估算模拟系统所需的物质消耗，这个过程包括3个最关键的过程，即影响类别的选取、全生命周期清单的分类以及类别因子建模。

结果解释（Result Interpretation）：依据全生命周期分析结果得出结论并提供改进意见。

一个典型建筑的全生命周期各个阶段及其模块组成如表2.1所示。除了建立全生命周期清单数据用于整体优化之外，建筑材料绿色度评价还需要分析建筑的建造和运营能耗以及温室气体的排放等。

表2.1 **典型建筑的全生命周期阶段及模块组成**

全生命周期各阶段	模块
制造阶段	原材料供应 交通运输 生产制造
施工阶段	场内交通运输 场内施工、安装
使用阶段	维护保养 维修更换 重新装修 建筑运营所需能耗 建筑运营所需水耗
收尾阶段	建筑结构拆除 交通运输 循环再利用组件 垃圾场填埋

ISO对SETAC框架的一个重要改进是去掉了改善评价的阶段，ISO认为改善是开展LCA的目的，而不是它本身的一个必需阶段。同时，

增加了全生命周期解释环节，对前三个互相联系的步骤进行解释。另外，ISO14040框架更加细化了LCA的步骤，更利于指导开展全生命周期评价的研究应用。

2.3.1 目的和范围的确定

全生命周期评价的第一个步骤是确定研究目的与界定研究范围。目的是评估必须首先确定为什么做和为谁做；范围是确定评估过程中哪些参数是必须研究的，哪些参数是不可能或者不值得研究的。研究目的应包括一个明确的关于LCA研究的原因说明及未来结果的应用。LCA研究目的中须明确陈述其应用意图，开展该项研究的理由及沟通对象（即研究结果的接收者）。在确定LCA研究范围时，须考虑下列内容并予以明确描述：所研究的产品系统、产品系统的功能、功能单位、产品系统边界、影响类型、影响评价方法学、数据要求、假定、局限性。应妥善规定研究范围，以保证研究的广度、深度和详尽程度与之相符，并足以适应所确定的研究目的。收集和评估建筑材料全生命周期对环境影响的全面的、可靠的正面和反面的信息，确定建筑材料及其制品全生命周期环境影响的量值，为使用者的决策提供数据支持。

建筑材料是建筑部品的主要原料或辅助产品，不具备使用功能；建筑部品包括构造层和围护结构，构造层主要包括结构层、保温层、面层、防水层和隔声层，其使用功能分别是承重、保温、装饰、防水和隔声；围护结构是由基本构造层复合而成，其使用功能是所有集成的构造层使用功能的总和。

（1）系统和系统边界

产品系统是指由特定功能的单元过程按照材料流和能量流联系起来的过程集合。表2.2给出了从摇篮到工厂大门、从摇篮到施工场地和从摇篮到坟墓的绿色建筑材料及其制品三种评价范围，包括全生命周期阶段、用途等，从表中可以看出，后两种评价范围适用于评价手册的研究目的——选择环境影响小的建筑产品，因此规定建筑材料的系统边界包括生产阶段和运输阶段，建筑部品的系统边界包括建材生产阶段、运输阶段、使用阶段、拆除阶段和废弃物处理阶段。

表2.2　　建筑产品环境影响评价的三种评价范围

项目	全生命周期阶段	用途	能否用于不同产品比较
摇篮到工厂大门	生产阶段：建材的原材料获得、加工和生产过程，到产品出厂前为止	比较不同厂家和工艺流程的相同建筑材料的环境影响，用于改进工艺	不能
摇篮到施工场地	生产阶段：建材的原材料获得、加工和生产过程，到产品出厂前为止 运输阶段：建筑材料从工厂到施工现场的运输	比较距施工现场不同距离的厂家的相同建材的环境影响，用于不同厂家的相同建筑材料的选择	不能
摇篮到坟墓	生产阶段：建材的原材料获得、加工和生产过程，到产品出厂前为止 运输阶段：建筑材料从工厂到施工现场的运输 使用阶段：建筑的维护和建筑材料及其制品的替换 拆除阶段：暂不统计拆除阶段的环境负荷 废弃物处理阶段：建筑垃圾的填埋	在相同功能单元下比较不同产品的环境影响，用于不同建筑产品的选用	能

图2.3是建筑材料从摇篮到坟墓评价范围一个产品系统的示例，由图可知，产品系统由系统内部与系统环境组成。系统环境既是产品系统原料与能源的源，又是其产品和排放物的汇。对产品系统的表述包括单元过程、通过系统边界的基本流和产品流以及系统内部的中间产品流。产品系统作为一个整体存在，包括从最初的原材料采掘到最终产品用后的废物处理全过程，但在实践中常常为了研究的简单、易行，将产品系统划分为一系列相互联系的子系统。从生产工序的角度，各子系统之间

存在着上游子系统和下游子系统之别。建筑部品是由建筑材料集成的，其系统边界包括集成的所有建材的生产和运输阶段以及建筑部品的施工、使用、拆除和废弃物处理阶段。

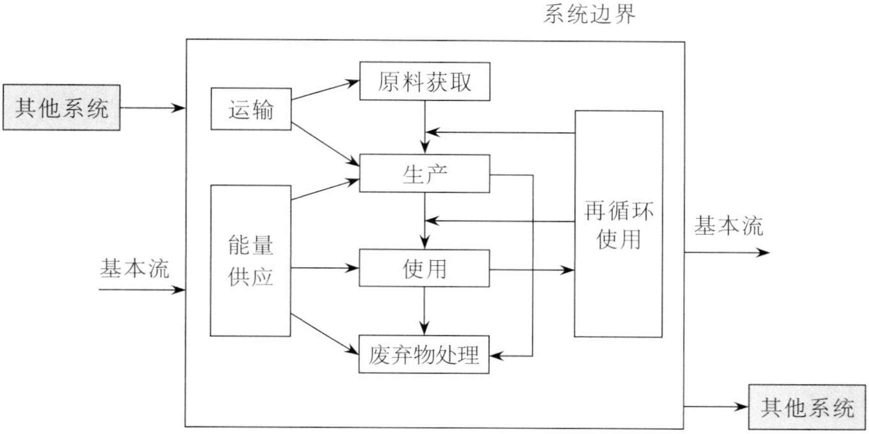

图 2.3　建筑产品系统示例

（2）功能单位

全生命周期评价研究范围中必须明确规定所研究系统的功能。功能单位是对产品系统输出功能的量度。功能单位的基本作用是为有关的输入和输出提供参照基准，以保证 LCA 结果的可比性。在评估不同产品系统时，定义功能单位是必不可少的，否则无法在同一基础上进行比较。不同建筑产品相比较的前提，是它们具有相同或者相类似的功能。建筑材料没有经历使用的过程，不具备功能，无法定义功能单位。建筑材料及其制品经历了生产、运输、施工、使用、拆除和废弃物处理的全生命周期，完成了其功能，其功能单位可定义为在建筑使用年限内完成使用要求的单位面积的建筑产品。全生命周期评价的对象由产品的功能确定，由此衍生出功能单位的概念。功能单位是对功能属性的量化描述，应与研究的目的和范围一致。功能单位在产品系统间环境影响大小的比较方面起着重要作用，它是产品全生命周期评价的基础。在清单分析中收集的所有数据都必须换算为功能单位。建立功能单位的主要目的在于对产品系统的输入和输出进行标准化，因此需要明确界定功能单位，而且要可测度。在定义功能单位时需要考虑产品的效率、产品的使用期和产品质量标准三方面的因素。一旦确定了功能单位，就必须确定实现相应功能的产品的数量（基本流），主要用于表征系统的输入与输出。系统间的信息流必须基于同样的功能，以对相同功能单位所对应的基本流的形式加以量化。

（3）数据质量

数据质量决定了最终全生命周期评价结果的质量。研究目标是全面地评估绿色建筑材料及其制品对环境的影响，环境统计的原始数据范围包括能源、矿石资源、水资源和木材资源的消耗，废气、废水和固体废弃物的排放。数据质量主要涉及时间跨度、空间范围（局域、区域和全球）和技术层次等。对实测数据和文献数据的来源应给予明确说明。实测数据应具有一定的代表性，应能反映系统中的主要能流和物流，原始数据和清单数据采用国际单位制。数据质量考虑数据的准确性、完整性、代表性、相容性和可重复性等主要因素[77，78]。建筑产品全生命周期环境影响清单格式如表2.3所示，清单数据是系统边界内的输入和输出，适用于建筑产品全生命周期和全生命周期各阶段的LCI。

（4）假设与限制条件

为保证建筑材料及其制品评价过程的顺利进行和评价结果的公正客观，应假定建筑产品全生命周期过程中的某些过程、范围和参数。建筑材料全生命周期绿色度评价过程中的假设及限制条件必须注明，以确保评价结果的再现性与可靠性。建筑材料的全生命周期包括建材生产、运输、施工、使用、拆除和废弃物处理六个主要阶段，其中生产阶段包括建材的原材料获得、加工和生产过程，运输阶段包括从工厂到建筑场地的运输过程，施工阶段包括施工过程中的机械能耗，使用阶段包括建筑表面的清洗、建材的替换和由此产生的建材的运输和废弃物的处理，拆除阶段包括建筑拆除过程的机械能耗，废弃物处理过程包括建筑垃圾填埋占用的土地和渗滤液的污染。由于LCA是对全生命周期的环境影响的预先评估，建筑材料的运输过程不能确定销售商的转运，只考虑工厂到工厂、工厂到施工场地的运输距离。不同能源、矿石资源和非金属矿产资源的稀缺性一致。对于不可再生资源，每种矿产资源的储量和年开采量是不一样的，而且数据随着时间逐年变化。目前，矿产资源的可开

表2.3　　**建筑产品全生命周期环境影响清单格式**

项目		单位
能源与资源输入	能耗	kgce
	矿石资源	kg
	木材	m^3
	水	m^3
大气排放输出	CO_2	kg
	SO_2	kg
	CH_4	kg
	N_2O	kg
	SO_x/SO_3	kg
	NO_x	kg
	HC	kg
	CO	kg
	Dust	kg
	其他	kg
水体排放输出	COD	kg
	氨氮	kg
	BOD	kg
	PO_4^{3-}	kg
	NH^{4+}	kg
	其他	kg
土壤排放输出	固体废弃物	kg
	其他	kg

采年限（资源保有量/年开采量）能准确反映其稀缺程度。矿产资源的可开采年限是动态数据，目前没有逐年的我国矿产资源的统计数据，因此暂时认为矿产资源的稀缺性一致。

2.3.2 清单分析

在建筑全生命周期中，材料、设备的生产、运输过程非常复杂，建立一栋建筑可能包括60种基本材料和2 000种单独构件，这些材料和构件的使用寿命不尽相同，进行建筑全生命周期分析需要大量的基础数据，建筑产品的清单分析是进行建筑LCA研究的基本工作，数据的可获得性在很大程度上影响着评估结果的准确性。建筑产品全生命周期清单分析是一个简化的过程，收集建筑产品的基础数据，应用建筑产品的全生命周期某阶段每计量单位的资源、能源消耗以及各种排放的数据清单，能获得建筑产品全生命周期的清单分析。全生命周期清单分析是对系统整个生命周期的输入和输出进行汇编和量化评价的过程。

（1）清单分析方法

常见的清单分析方法主要分为三类：基于过程的全生命周期评价方法、基于经济投入产出分析的全生命周期评价方法和复合全生命周期评价方法。

基于过程的清单分析以过程分析为基础，将研究系统在其边界范围内划分为一系列单元过程，通过对单元过程或活动的输入、输出进行分析，建立相应的数据清单，量化各个过程的资源投入和环境排放，并按照研究系统与各单元过程或活动的内在关系，建立以功能单位表示的系统的环境交换清单。该方法可采用流程图表示，便于独立分析，因此运用广泛，已被国际标准化组织列为标准规程。由于条件制约，过程分析往往只能就系统内有限环节在有限层次（经常是一次循环）展开[74]。

卡内基梅隆大学的研究人员利用美国商务部的投入产出表，提出了经济投入产出表与环境数据（包括常规污染物、毒性物质排放清单、能量损耗、矿石消耗、肥料使用、全球变暖潜能和臭氧消耗潜力等）相联系的经济投入产出分析的全生命周期评价方法，即EIO-LCA[75]。EIO-LCA采用整个美国经济系统作为分析的系统边界，考虑系统内各产业部门间的相互影响，可用于评估产品产生的能源消耗和环境排放造成的所有直接与间接的经济影响，但不适宜分析单个产品或工艺、活动每个阶段的全生命周期评价。

因过程分析法和经济投入产出分析法都有各自的优缺点，Hendrickson等[76]提出将前两种方法的优点结合起来，即为复合全生命周期评价(Hybrid LCA)。该方法将工艺过程数据转换为投入产出分析数据进行量化分析，利用了过程分析法的特异性和经济投入产出分析法的综合性，尽量减少了单独采用这两种方法时出现的累积误差和截断误差。但该方法的应用也取决于数据来源和分析对象本身的限制，目前由于缺乏有效的数据库支持，还必须依赖经济投入产出表，因而也限制了复合全生命周期评价在单个产品中的应用，一般适用于比较复杂的产品系统。很多学者在建筑LCA的排放清单分析方面做出了研究，如表2.4所示。

表2.4 **国内外有关建筑生命周期清单分析的研究**[33, 79-81]

年代	学者	研究的产品	数据收集方法
2001	Seo等	9种建筑材料	采用经济投入产出法分析各个工业部门的耗能，再转换成温室气体排放值
2002	Thormark	建筑材料、运输、运营耗能	文献，模拟分析软件
2006	Gonzalez	构筑21类建筑构件所需材料	新西兰建筑师协会的研究，政府部门公布的数据
2008	Hammond	34大类主要建筑材料	期刊文章，LCA评估工具，书籍，会议论文等
2008	Huberman	12种建筑材料	文献，根据当地的生产工艺进行调整
2009	Huntzinger	4种不同的制造工艺	Sima Pro数据库，文献
2001	郑元	水源中央空调	行业协会、科技文献、国家统计资料、研究报告、企业的实际生产运营数据
2002	张又升	9大类主要建筑材料	调研台湾地区的主要建筑材料生产线的平均值

续表

年代	学者	研究的产品	数据收集方法
2004	龚志起	水泥、钢材、平板玻璃	生产线调研，文献
2005	刘颖昊	电力	宝钢电力厂运营数据
2005	黄志甲	空调热源	运营数据调研实际建筑，清单数据参考文献
2005	吴星	6种建筑材料	文献，建筑材料生产厂家实地调研
2005	李小冬	3种型号水泥	文献
2006	顾道金	18种建筑材料	国内外文献，国外文献数据库的外推
2007	王婧	12种建筑材料	文献
2007	刘颖昊	电镀锌产品	企业内部数据采用调查问卷，企业外部数据参考文献和其他数据
2007	顾道金	27种建筑材料	国内外数据库收集整理
2008	苏醒	混凝土结构，钢结构建筑	参考年鉴和文献
2009	谷立静	7种能源 8种建筑材料 4种建筑设备	国内外文献数据收集整理
2012	高源雪	主要建筑材料	部分数据参考文献，部分数据根据生产流程计算得出
2014	张文霞等	墙体材料	国内外数据库计算得出
2015	章玉荣	粉煤灰混凝土	国内外数据库计算得出
2018	汪振双	重复再生混凝土	国内外数据库计算得出

建筑材料的生命周期环境影响清单包括建材的生产和运输过程；建筑部品的生命周期环境影响清单包括生产、施工、使用、拆除和运输过程。清单分析是对产品、工艺或活动在其整个生命周期阶段的资源、能源消耗和向环境的排放（包括废气、废水、固体废物及其他环境释放物）进行数据量化分析，作为影响评价的依据。清单分析的核心是建立

以产品功能单位表达的产品系统的输入和输出（即建立清单）。这种输入和输出是一种相对量，而不是绝对量。需要注意的是，在建筑材料、构件、设备生产过程中，可能存在回收废弃材料并重新加工形成新产品的过程，即制造建筑材料、构件、设备的原材料可能是循环利用的材料。这一过程与直接从自然界中开采建筑材料、构件、设备的原材料并进行生产的过程并不相同。清单分析的任务是收集数据，目前，清单分析方法还没有标准化，即数据的选择标准、分析处理方法都还没有规范。同时，清单分析是一个反复的过程，当取得一批数据，并对系统有进一步的认识后，可能出现新的数据要求，或发现原有的局限性，因而要求对数据收集程序做出修改，以适应研究目的[82]。

（2）分配方法

实际工作中，不可能每个单元过程只有一种原料（或产品）输入或输出，而且生产工艺常常通过原料或配件互相连接。当生产工艺过程产出多种产品或提供多种服务时，就会出现系统输入和输出如何分配的问题。对产品系统的输入和输出进行分配通常有两种情况：①共生产品系统，即两种或两种以上产品同时产出于一个工艺过程或多个相互连接的生产工艺；②开环再利用循环过程。共生产品系统分配的目标就是要找到一个分配参数，以便尽可能地反映系统本身的物理行为。通常采用产品的质量、面积、体积及能量等物理参数进行分配。再循环通常存在两种方式，即闭环再循环和开环再循环。因闭环再循环过程的所有环节都存在于系统内部，所以对系统的输入和输出来讲，不存在分配问题；而对于开环再循环过程，即一个产品系统的副产品、废弃物，或产品在消费后被重新收集、处理然后被另一个产品系统作为原料再进行利用，则会出现分配问题，即在不同产品系统间分配能源、原材料和环境排放物。目前，对于清单分析的分配问题尚没有合适的解决办法。分配方法是整个清单分析过程的核心和难点，会直接影响研究的过程和结论。在实践中首先应尽可能避免分配问题的出现，可以通过以下措施实现[83]：

①将具体的工艺过程和环境交换与具体产品对应起来，将可以分解的工艺继续分解以消除虚假的共同工艺，从而避免出现分配问题。

②扩展系统边界，将系统外的输入和输出纳入所研究系统中，从而

避免出现分配。但扩展系统边界的做法要和研究目标相一致。

③系统扩展不可行时，通过确定所研究工艺的所有功能单位的环境交换（输入或输出）比例进行分配。

④不能确定技术标准时，可以采用经济价值标准作为分配依据。

（3）清单的数据格式

清单分析的结果常常被列为一种清单表的形式，来展示和说明生命周期清查的重要信息。数据清单是清单分析中的一项重要内容。数据清单主要有两种，即单元过程数据清单和产品汇总数据清单。单元过程数据清单是以研究的单元过程为依据建立起来的，主要内容应包括单元过程的环境输入和输出、环境参数的单位、数据来源、建立的时间等。其中，输入项包括原材料、能量等；输出项则包括气体排放、液体排放、固体排放和产品或中间产品。数据清单应反映单元过程的实际情况。理论上，单元过程清单的输入和输出应满足物质守恒原理，但实际上往往存在较大偏差。目前，制定规范合理的清单格式是推动生命周期评价广泛展开的重要工作[83]。

2.3.3 影响评价

生命周期影响评价是指根据清单分析后所提供的资源、能源消耗数据以及各种排放数据对产品所造成的环境影响进行定性定量的评估，得到单一的环境影响指标——绿色度。其评价过程分为分类、特征化和评价三个步骤。

分类是将清单分析的结果划分到影响类型的过程。在关心的环境影响类型确定后，将生命周期清单分析（LCI）中的输入和输出数据归到不同的环境影响类型。环境影响类型通常包括资源耗竭、生态影响和人类健康三大类，在每一大类下又有许多亚类。在环境影响类型确定后，把在清单分析中会造成相应影响的环境负荷或污染排放因素，归类到该环境影响类型下。分类完成后，下一个步骤就是进行特征化。特征化的目的是将每一个影响类型中的不同物质转化和汇总成为统一的单元。特征化的主要意义在于选择一种衡量影响的方式，通过特定评估工具的应用，将不同的负荷或排放因子在各形态环境问题中的潜在影响加以分析，并量化成相同的形态或同单位的大小。特征化的方法可以应用在单一的影响类别之内，但无法用在不同的影响类别之间。对参数结果进行标准化的目的是更好地认识所研究的产品系统中每个参数结果的相对大小。在特征化的基础上，对数据进行处理，以反映环境影响的严重程度，并使不同环境影响类别之间具有一定的可比性，是影响评价的可选分析过程。ISO14042在归一化过程中，通过一个选定的基准值作除数对参数结果进行转化。经过特征化之后，得到的是单项环境影响类别问题。评价则是将这些不同类别的环境影响问题给予相对的权重，以得到整合性的影响指标，使决策者在决策过程中能够完整地捕捉及衡量所有方面的影响，不会因信息的偏颇、差异或缺乏比较而被蒙蔽。加权评估是全生命周期影响评价的可选分析过程。加权过程是一个价值判断的过程，不同主体、不同研究目的采用的加权方法不同。

2.3.4 全生命周期解释

全生命周期解释的目的是根据LCA前几个阶段的研究或清单分析的发现，以透明的方式分析结果、形成结论、解释局限性、提出建议并报告全生命周期解释的结果，尽可能提供对LCA或LCI研究结果与目的和范围界定相符的易于理解的、完整的和一致的说明。全生命周期解释具有系统性和重复性的特点。全生命周期解释是根据清单分析、影响评价或这两者结合起来识别和比较相同功能单元的不同建筑产品整个生命周期内不同阶段和不同环境影响类型的环境表现，确定建筑产品生命周期过程中对环境影响最大的阶段及产生最大环境影响类型，明确影响建筑产品环境表现的关键因素，指导绿色建材及构件的选择，为获得建筑产品更小的环境影响提供可能的方向，改善建材及构件全生命周期的环境表现。它基于LCA或LCI研究的发现，运用系统化的程序进行识别、判定、检查、评价和提出结论，以满足研究的目的和范围中所规定的应用要求，而整个解释阶段需要不断重复。根据ISO14043的要求，全生命周期解释阶段包括三个要素，即识别、评估和报告。图2.4描述了全生命周期解释各要素与LCA其他阶段之间的关系。

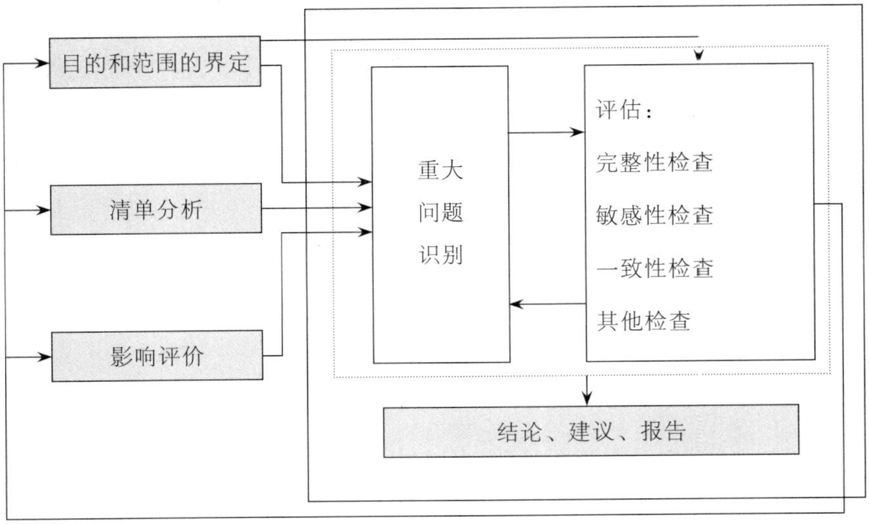

图2.4 全生命周期解释各要素与LCA其他阶段的关系

由定性研究到定量研究是科学发展的必然趋势。建筑产品的全生命周期环境影响定量评价研究，通过架构可操作的、简便的获取环境影响数据的LCA方法，为建筑师量化设计和定量评价绿色建筑提供必要的、基础性的定量研究的工具。进行建筑产品LCA研究的目的是制定实用、简便的建筑产品生命周期环境影响的定量评价手册，使建筑师不必深入了解LCA方法，不需要大量的数据，按评价手册要求的步骤按部就班完成评价过程，就能够得出建筑产品、建筑物全生命周期的环境影响数值，以此来指导绿色建筑选材、设计和进行绿色建筑评价。

2.4 本章小结

本章主要对生命周期评价方法LCA的基本理论及方法进行了阐述，内容包括LCA的概念、发展历程以及LCA的技术框架。LCA的技术框架主要包括LCA目标定义与范围界定、清单分析、影响评价和改造评价四个部分，其中清单分析的理论和方法相对比较成熟，影响评价的理论和方法正处于研究探索阶段，而改造评价的理论和方法目前研究较少。清单数据库的标准化和清单分析转向影响评价是未来LCA的主要发展方向。建筑材料全生命周期包括原材料获取、产品生产、使用以及报废回收等全过程。在新型城镇化和建筑工业化大力发展的新时代，应把握“全生命周期”的思想，围绕绿色建材 “绿色、循环、健康、安全”的内涵，加强对建筑材料的绿色化发展，以减小地球的资源负荷、能源负荷和生态负荷，做到与经济、生态可持续发展的方向相一致，和人类与大自然和谐发展趋势相一致。确定建筑产品生命周期过程中对环境影响最大的阶段及产生最大环境影响的环境影响类型，明确影响建筑产品环境表现的关键因素，能指导绿色建材及构件的选择，为获得建筑产品更小的环境影响提供可能的方向，改善建材及构件全生命周期的环境表现。应考虑建筑材料全生命周期各个阶段的能耗和环境影响，对建筑材料进行绿色度评价，建立一个完善、合理的评价方法和体系规范。在我国，建筑相关产品全生命周期绿色清单数据库的研究还不完善，需要建立相关的机制，对建筑材料产品的生产、运输流程中的清单核算进行规范化和细致化，形成清单数据库，为建筑材料及其产品的绿色度评价提供基础数据。

3　建筑材料绿色度评价指标体系

建筑材料是指用于人居环境构筑物所用材料的总称。建筑材料改善了人类生存环境，也直接影响着建筑物和构筑物的实用性、舒适性、耐久性、经济性和美观。我国著名建筑大师梁思成说“凡一座建筑皆因其材料而产生其结构法，更因此结构而产生其形式上之特征”。也就是说，建筑物或构筑物的本质上是建筑材料的一种“排列组合”，建筑材料是土木工程不可缺少的物质基础[84]。从远古时代的凿石成洞、伐木为棚，到后世的上栋下宇，再到今天的超高层建筑、跨海大桥和海底隧道等重大工程项目，人类对城市和居住环境的要求越来越高。人类在从环境中获取材料的同时，从环境中摄取资源和能源，并向环境中排放废弃物。绿色与环境有着密切关联，绿色度则可以看作是环境友好的程度，它以社会经济效益、环境和资源三个因素为切入点，致力于实现三者之间的平衡统一。随着社会生产力的快速发展，建筑材料与环境的矛盾变得突出而尖锐，这对建筑材料的可持续发展提出了严酷的挑战。建筑材料与环境的关系如图3.1所示。

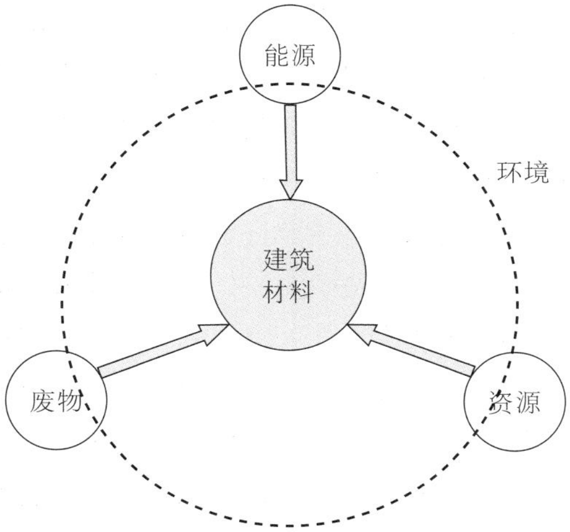

图3.1 建筑材料与环境的关系

建筑材料的全生命周期包括原料采集、产品制造、产品使用、废弃物再循环等阶段都对会环境造成影响。因此，如何减小建筑材料对环境的影响，提高资源、能源的利用率，已成为实现建筑业可持续发展的重要内容。

3.1 建筑材料的绿色度

3.1.1 绿色建筑和绿色建筑材料

近两个世纪以来，人类社会的发展，造成了大量的环境问题的产生。人口爆炸、能源危机、资源耗竭、温室效应、酸雨、富营养化、臭氧层破坏、生物多样性减少等环境问题引起了世界许多国家的广泛关注。在持续的环境压力之下，人类在审视过去的同时提出了可持续发展的战略。绿色建筑实际上可视为可持续发展的建筑业的体现与应用。绿色建筑被用于描述绿色建造的最终实践结果。绿色建筑覆盖以下四个方面的内容：最小化对环境的影响；提升建筑使用者的健康水平；对开发商以及社区的经济发展以及回报；对规划以及开发过程的全生命周期的考虑。绿色建筑是指在全生命周期内节约资源、保护环境、减少污染，为人们提供健康、适用、高效的使用空间，最大限度地实现人与自然和谐共生的高质量建筑物。绿色建筑的定义，狭义上专指使用环保节能减排技术来提高建筑物的性能，广义上还覆盖了“三重底线”的其他两个维度，即经济可持续性和社会可持续性[85]。

建筑材料作为基本建设的重要物质资料在满足建设需求的同时，也带来了严重的环境问题。绿色建筑材料，即生态建材，是与生态环境相协调的建筑材料。绿色建材作为生态材料的分支，应该具备生态材料的基本要求。日本东京大学山本良一等人指出：“生态材料应具备先进性、环境协调性和舒适性。”因此，绿色建材也必须满足这些在材料工艺技术性能、环境性能和人体健康等方面的基本要求。依据工业生态学的基本观点，要实现产业可持续发展，必须努力使产业生态系统由初级向高级转变，以减少资源、能源的消耗和废弃物的排放，降低对环境的影响。这里“环境”是指与人类密切相关的影响人类生活和生产活动的各种自然力量或作用的总和，它不仅包括各种自然要素的组合，还包括人类与自然要素间相互形成的各种生态关系的组合[77]。因此，界定绿色建材不仅仅从某个指标或某个阶段出发，而必须采用涉及多因素、多属性、多维的系统的方法。绿色建材要在其整个生命周期中对环境产生尽可能少的影响，在原材料获取与加工、生产与制造、使用维护以及废弃处理过程中都应具有良好的环境协调性，不危及人身健康与安全，资源和能源消耗低、环境污染小、废弃物排放少，正常使用寿命内便于维护，当其丧失使用功能时应具有一定的回收利用性。绿色建材首先应具有优良的使用功能和可靠的质量保证，又要有优良的功能特性。绿色建材应以改善居住环境为目的，不仅不应损害人体健康，还应有益于人体健康，具有调节温湿、隔热、隔声等多种功能。基于此，绿色建材是指生命周期全过程中物质和能量流遵循高级工业生态系统循环的具有先进技术性能、环境协调和舒适的建筑材料[78, 86]。

绿色建材的含义相当宽，国外对绿色建材的要求有：避免使用能够产生破坏臭氧层的化学物质的机械设备和绝缘材料、采用耐久性产品和材料、选择不需要维护的建筑材料、购买本地生产的建筑材料、购买本地生产的回收再利用的建筑产品等，总的说来是指资源、能源消耗少，并且有利于健康，可提高人类生活质量且与环境相协调的建筑材料[87]。结合绿色材料的定义和生命周期的概念，也可定义为在原料采集、产品制造、使用或再循环以及废料处理等环节中，对地球环境负荷最小，最有利于人类健康的建筑材料。具体而言是指采用清洁生产技术、少用天然资源和能源、使用工业或城市固态废弃物生产的无毒害、无污染、有利于人体健康的建筑材料，即要求绿色建材不仅在使用过程中达到健康要求和“绿色”标准，也要在生产及废弃回收等整个生命周期中对环境的负荷最小，从而与其他建材明显区别开来。另外，衡量建筑材料的绿色性还应考虑降低能源和资源的消耗、降低对人类和环境的危害、增强舒适感、提高废弃物的回收、提高经济性等方面。

3.1.2 绿色建筑对绿色建筑材料的要求

建筑和建材是关系到国计民生的两大支柱产业，绿色建材是绿色建筑发展的物质基础，是保障人们居住环境和身体健康的出发点，是实现社会可持续发展的重要途径。在我国，建筑总能耗约为全国能耗总量的30%，其中建筑材料生产所需的能耗占全国总能耗的12.8%[88]，所以建筑对材料的选用很大程度上决定了建筑的绿色度，绿色建筑物的大力发展需要大量的绿色建材，因此，研究绿色建材科学合理的评价体系已经成为迫切需要解决的课题。但目前市场上由国家生态环境部认证的绿色建材并不多，我们建立科学的、规范的、适合我国国情并具有一定先进性和良好可操作性的绿色建材评价体系，建立统一的绿色建材评价与认证标准，建立绿色建材产品清单，可以为绿色建筑工程选用绿色建材提供相应的参考依据。

3.1.3 建筑材料绿色度

绿色度是指产品全生命周期内对环境的友好程度，包含资源、能源输入量，以及环境输出量，是反映产品在满足功能性的前提下，与环境相容程度的指标。其包含绿色性、经济性和技术先进性三个方面的内容，是对产品全生命周期技术先进性、经济性和环境协调性三方面指标的综合测评。建筑材料绿色度即建筑材料的绿色化程度，是定量评价建筑材料生态环保性的指标，它并不是一个单纯的量化指标，而是指建筑材料在其整个生命周期中对资源和能源的消耗及利用率、对环境危害程度大小的综合评价指标。不同的建筑材料及其制品对资源、能源的输入和对环境输出的量不同，而不同的输入输出因素对环境的危害程度也不同。建筑材料及其制品在其整个生命周期中对资源和能源的输入量、对环境的输出量及这些输入输出对环境友好程度的评价指标构成了建筑材料及其制品的“绿色度”[87, 88]。

3.2 建筑材料绿色度评价指标体系框架

在进行绿色建材设计和评价时，应在建筑材料的整个生命周期视角下，考虑建筑材料的环境影响和功能特性。绿色建筑材料的生命周期包括建筑材料的生命周期的原材料获取与加工阶段、生产阶段、运输与分配阶段、使用与维护阶段和回收处理阶段。建筑材料绿色度评价要从我国的实际情况出发，目前我国的建材行业是一个庞大、松散和落后的行业。建筑材料是资源和能源的消耗大户，而我国正处于新型城镇化阶段，对资源和能源的需求呈快速增长的态势。因此，我们必须探索新的发展模式，采取资源能源减量化、性能质量优质化和回收利用多元化的方式，以保持经济、资源和环境的可持续协调发展。因此，对于建筑材料绿色度评价，不能仅凭质量的优劣来给予判断，还应考虑建筑材料全生命周期各阶段是否节能、环保、舒适和经济等。这些指标都合格的建材产品，才是符合新时期绿色建筑背景下的绿色建材的发展模式，同时也是促进我国节能、环保、健康、舒适、生态和经济型建材发展的有效途径。

3.2.1 建筑材料绿色度评价框架

建筑材料的整个生命周期包括原料采集、产品制造、产品使用、废弃物再循环等阶段。建筑材料生命周期对生态环境的影响包括：建筑材料原料制造阶段、生产阶段资源、能源的消耗及对生态环境的影响；使用过程中对人类的健康和生态环境的影响；建筑材料解体、废弃时对生态环境的影响等。建筑材料绿色度评价指标体系建立主要取决于绿色度评价的边界[1]。建筑材料绿色度评价指标体系的构建应遵循科学性与实践性相结合的原则，考虑建筑材料绿色度的内涵，结合生命周期评价理论，对地球环境负荷最小和有利于人类健康，从节能、环保、健康、舒适、生态和经济六个方面构建建筑材料绿色度评价框架，如图3.2所示。

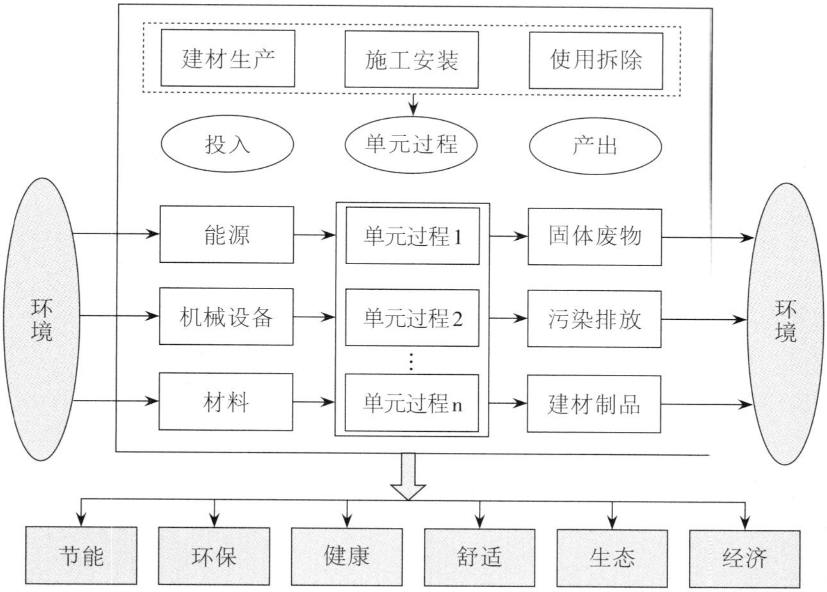

图3.2　建筑材料绿色度评价体系框架

（1）原材料获取与加工阶段

由于选用不同的原料对环境的影响会有很大的不同，因此，在原材料获取阶段，应对原材料的自身生产过程对环境的影响进行分析评价。在绿色生产中，生产人员所选材料的自身生产过程应能耗低、污染少、成本低，原材料易于加工且加工过程能耗低、噪声小、污染少，加工废料不污染环境且易于回收，原材料本身不含有毒成分，材料使用过程中不产生有害物质、不污染环境，产品报废后，材料本身易降解或易回收。需要注意的是，在建筑材料及其制品生产过程中，可能存在回收废弃材料并重新加工形成新产品的过程，即制造的建筑材料有可能是循环利用的材料[89]。这一过程与直接从自然界开采的建筑材料并进行生产的过程并不相同。因此，生产人员选用的原材料种类应尽量少，这样便于建材的回收。

（2）建筑材料生产阶段

在建材生产阶段，应对建材所有原材料的加工、处理过程和生产过程对环境的影响和资源的消耗做出分析评价，从而使原料加工、处理工艺的选择趋于最佳。原料加工、处理工艺的选择既要注重建材质量和生产率，又要对生产的全过程进行污染的控制，对各种资源进行有效利用，以适应可持续发展的要求[90]。绿色建材生产要求建材所有原料在加工、处理过程中不产生对人体健康有害的物质，减少加工处理过程中废弃物的排放量，对环境的污染要求降到最低，对资源的利用要充分合理，并且不增加生产成本。

（3）建筑材料的运输与分配阶段

建材的分配阶段主要涉及建材包装和建材运输问题。对于建材运输，以往人们注重运输时间、运输价格和运输的便利性，而忽视对环境的考虑。为减轻建材运输对环境的影响，应选择能效高的运输方式，减少运输途中对环境的污染，充分利用运输工具的运载量，避免运输工具空载返回。建材包装要能保证建材装卸和运输过程中的安全性和一定的美观要求。建材应能经受得住一定的冲击和振动，尽量避免建材外形奇特而造成包装和运输困难。包装材料要有一定的强度、刚性和耐磨性，能对建材形成有效的保护，包装材料废弃后应易降解回收。此外，还应充分利用建材包装设计来减少包装材料的使用量。

（4）建筑材料使用与维护阶段

在建材的使用和维护阶段，通过易于操作的维护手段，保证建材的正常使用和特殊功能功效，并尽可能地延长建材使用寿命，从而减少因建材提前报废或更换所造成的资源消耗和产生的废弃物。

（5）建筑材料回收处理阶段

建材的回收利用程度与原材料的选择、生产加工等密切相关。建材报废后并不意味着所有的组成部分均成为废品，其中一部分稍加修正后即可重新利用，还有些材料回收后可用于生产同种材料，另一些材料回收后，因材料成分或性能达不到原材料要求，则可用于别的产品中。为了提高建材的回收利用率，应对建材的可拆卸性以及可回收性、回收工艺、回收经济性等进行分析评估，采取合理、经济的措施对废弃建材进行回收和再利用。

3.2.2 建筑材料绿色度评价指标体系结构

建筑材料绿色度评价指标体系的建立要从我国实际情况出发，基于建筑材料全生命周期评价理论，根据上述的评价指标建立的原则和方法，在充分考虑我国资源和能源的可持续发展的基础上研究确定。建筑材料绿色度评价指标体系包含三个层次[36]：一级指标包括节能、环保、健康、舒适、生态和经济；每个一级指标包含了若干个二级指标；每个二级指标包含了若干个三级指标。总体目标由一级指标评价，一级指标由二级指标评价，二级指标由三级指标评价构成。最终把反映总目标的多个指标信息综合起来得到建筑材料绿色度综合指标。建材产品的三级指标是由能够较好反映二级指标特性，并具有较高操作性的具体指标构成的，具有复杂性、不易统计性、难以表征等特点，因此，三级指标的评价方法一直是制约绿色建材评价发展的主要因素之一，三级指标的确定要严格遵守现行国家或行业标准。国家或行业标准主要应用于对环境、健康和功能性指标的评价。如施工过程的评价可根据对现场的实地考察得出评价所需数据，将现场数据和国家标准或行业标准对比进行评分；噪声根据《建筑施工场界噪声排放标准》GB12523-1990评定，达到规定要求得满分；粉尘根据《大气污染物综合排放标准》GB16297-1996评定，达到规定要求得满分；健康指标和功能性指标可以根据企业提供的产品质量和性能报告并参照相关国家标准或行业标准进行评分。此外，三级指标的确定还要充分利用企业已有统计数据，简化评价流程。评价过程中存在某些指标难以统计、表征的难题，可以考虑利用企业已有数据以简化流程。例如，对资源、能源消耗的评价可以充分利用企业自身的《环境评估报告》，从报告中提取出评价所需数据，并将数值和国家标准或行业标准的规定值相比较，达到规定要求时，评估项得分，高于国家或行业标准时将适当加分；对原材料本地化程度的评价可以依据企业提供的原料购入合同、产品卖出合同，从合同中得出其本地化情况，规定在500千米以内的原材料占总原材料的60%以上得满分，没达到此标准的酌情扣分。

评价指标操作的难易程度关系到建筑材料绿色度评价体系能否顺利进行，因此需要对科研院所、生产企业、施工企业和建设行政主管部门开展调研，广泛征求各行业专家的意见，结合工程实践，经反复讨论确定科学的、客观的操作方法，尽可能地避免人为主观因素对评价体系准确性的影响。这里的评价主要指产品的绿色度评价，绿色度贯穿于产品的原料采集、生产制造、工程应用、回收利用等全生命周期过程。利用目标层次分解法建立多层次评价指标体系。目标层次分解法是将评价目标划分成若干个不同组成部分，并对所划分的部分再逐步细分解，直到每一个部分都可以用具体的指标来量化表示。这是构建综合评价指标体系最常用的方法。构建评价指标体系的基本过程是：首先，确定评价目标，对评价目标的含义做出合理解释，对概念进行分解，也就是评价目标的分解。其次，对概念中所包含的指标再进行细分解[91-94]。越是复杂的多指标综合评价问题，这种分解就越为重要。最后，重复前两个步骤直到每一个评价目标都可以直接用几个明确的指标来反映，这样评价指标层次结构就基本建立了（如图3.3所示）。

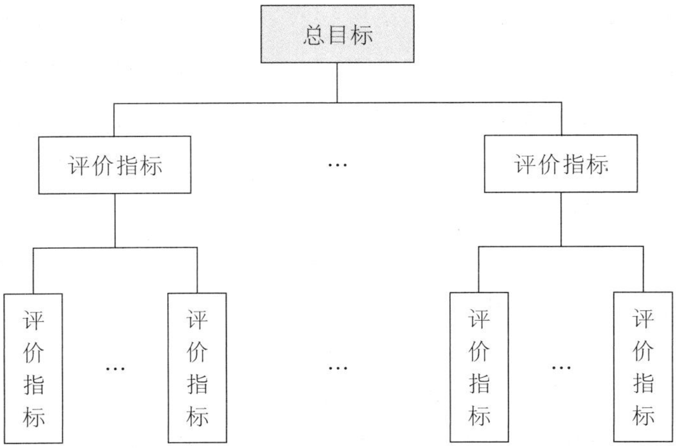

图3.3 评价指标层次结构图

3.3 建筑材料绿色度评价指标体系

3.3.1 评价指标选取原则

绿色度是反映产品在满足功能性的前提下，与环境相容程度的指标[78]。建筑材料绿色度是用来表征建筑材料绿色化程度的指标，即建筑材料在其整个生命周期中对资源和能源的消耗及利用率、对环境危害程度大小（亦即产品对环境的友好程度）的综合评价指标。绿色度的内涵很丰富，它并不是一个单纯的量化指标，而是集产品的功能性、经济性、环境性以及可再利用性等特性，且考虑各特性权重的综合性指标。建筑材料绿色度评价指标体系的制定应以有利于生态环境保护、有利于资源能源的有效利用、有利于人类安全与健康、有利于提高建筑材料技术水平为指导思想。由于建材产品种类较多，而对每类产品都要进行综合评价，因此需要考量的指标众多，评价过程较为复杂。为了确保评价的公平性、科学性，绿色建材评价的体系应遵循综合性与系统性、动态指标和静态指标相结合、定性指标与定量指标相结合、指标可操作性等基本原则[1, 36]。

（1）代表性原则

建筑材料绿色度评价所选用的评价指标、方法和模式等要客观反映建筑材料的本质，指标的选择要考虑建筑材料的特征，选择最典型的评价指标，尽可能使建筑材料绿色度评价的结果更加具体。例如，考察某种建筑材料的环保指标是否满足绿色建筑材料的要求，就要选择废气、废液和固体废弃物。

（2）全面性原则

绿色度是表征产品多个性能的综合性指标，是产品满足功能性、经济性与环境性的统一。不同产品其内涵并不一致，有的产品功能性权重较大，有的产品环境性权重较大，还有的产品经济性所占权重大。评价指标选取要从不同角度反映建筑材料环境协调性的优劣程度，考虑选取指标的全面性，不要出现评价指标的遗漏。

(3) 客观性原则

建筑材料绿色度评价所选用的评价指标、评价体系等要客观、充分地反映产品的本质，充分利用现行技术标准的检测方法，尽可能使评价的结果更加真实具体。

(4) 简明性原则

评价指标的选取要兼顾建筑材料的性能和易操作程度，应简明合理、层次分明，遵循系统性与代表性、科学性与实用性、定量分析与定性分析相统一等原则。

(5) 可操作性原则

评价指标应尽量选取能够进行定量分析的指标，指标数据要便于收集，有利于分析和计算，提高评价体系的可操作性。

3.3.2 建筑材料绿色度评价指标体系

(1) 节能指标

从一般意义上说，节能就是尽可能减少各类能源如电、原油、煤炭等的消耗量。在设计建筑材料节能评价指标时，需要考虑建筑材料节能的具体方面，建筑材料节能应该是减少不可再生或再生周期较长的自然资源的消耗量。其中主要为建筑材料工业的生产所用原材料和矿物资源等不可再生的自然资源，此外还涉及金属矿产和非金属矿产[95-97]。例如，可利用层次分析法将建筑材料节能一级指标分解为一个二级指标矿产资源，矿产资源又分解为两个三级指标能源消耗和资源消耗。节能二级指标和三级指标的分类和说明见表3.1、表3.2。

表3.1 **节能二级指标的分类和说明**

指标名称	说明
矿产资源	对不可再生等天然资源的消耗

表3.2 **节能三级指标的分类和说明**

指标名称	说明
能源消耗	对一次能源和二次能源、可再生能源和不可再生能源的综合消耗
资源消耗	对非金属矿产资源、金属矿产资源和工业废渣的综合消耗

①能源消耗指标。

能源消耗指标是计算单位建材制品生产过程中消耗的能源总量，降低建材制品生产过程中能源矿产资源的消耗总量，评价建材制品能源矿产资源的消耗量，鼓励建材企业降低产品的能源消耗，鼓励用户选择节约能源的建材制品。

在建筑材料全生命周期过程中，对能源的消耗主要有以下几个阶段：开采阶段、生产阶段、运输阶段、使用维护阶段和废弃回收阶段。在能源消耗比例构成中，建材生产阶段的能耗占总能耗的50%～80%[98]，在整个生命周期过程中所占的消耗比例最大，而且此阶段能耗数据来源可靠性比较强，而其他各阶段由于原材料开采数据来源有限及不同运输方式和维护方式能耗差别很大，因此，研究中建筑材料能源消耗只是以建筑材料生产阶段的能源消耗为评价基准。

不同建筑材料在生产过程中使用的能源种类不同，为了便于比较分析，根据各类能源的平均低位发热量，以标煤的平均低位发热量为参照基准，来计算不同种类能源当量系数，如公式（3.1）所示。

$$\gamma_e = \frac{C_t}{C_e} \tag{3.1}$$

式中，γ_e表示标煤当量系数；C_t为第t种能源的平均低位发热值；C_e为标煤的平均低位发热值。主要能源的平均低位发热值与标煤当量值如表3.3所示。

能源消耗总量模型如公式（3.2）所示。

$$S_E = \sum_{j=1}^{n} e_j r_{ej} \tag{3.2}$$

式中，S_E表示能源消耗总量；e_j为能源j的消耗量；r_{ej}为能源j的折煤系数。

②资源消耗指标。

资源消耗指标是计算单位建材制品生产过程中消耗的资源总量，评价建材制品中金属和非金属矿产资源的消耗量。应鼓励建材企业降低产品的资源消耗，鼓励用户选择节约资源的建材制品。目前，资源

表3.3　　主要能源平均低位发热值与标煤当量值

能源种类	平均低位发热值（MJ/kg）	标煤当量值（kgce/kg）
原煤	29.9080	0.7143
焦炭	28.4530	0.9714
洗中煤	8.3630	0.2857
精洗煤	26.3440	0.9000
原油	41.8160	1.4286
煤油	43.0770	1.4714
汽油	43.0770	1.4714
柴油	42.6520	1.4571
燃料油	41.8160	1.4286
煤焦油	33.4530	1.1429
天然气	38.9310	0.3571
沼气	20.9080	0.7143
水煤气	10.4540	0.3571
电	3.5960	0.1229

消耗特征化方法是根据消耗资源的质量直接累加，但是这种特征化方法是值得商榷的，因为把各种资源的消耗量以质量相加，无法反映各种资源紧缺程度的差别，其根源在于该特征化方法对资源消耗定义的不合理。本研究在计算资源消耗总量中引入资源当量系数来描述资源的紧缺程度。

资源消耗的特征化因子ADP反映资源在当前的消耗速度，其值越大，说明资源消耗速度越快，对环境造成的负担越严重，因此用资源消耗特征化因子的比值来表征资源当量因子是合理可行的。周和敏等人建议用开采率P/R作为资源消耗特征化因子ADP来表示资源当量系数，见公式（3.3）。

$$r_j=\frac{ADP_i}{ADP_j}=\frac{P_i/R_i}{P_j/R_j}=\frac{T_j}{T_i} \tag{3.3}$$

式中，ADP_i和ADP_j分别表示第i和j种资源的消耗潜力，即资源消耗特征化因子；P_i和P_j分别表示第i和j种资源的年开采量；T_i和T_j分别表示第i和j种资源的开采年限。

但是用开采率来衡量资源的消耗程度是值得商榷的。例如A和B两种资源，A资源储量丰富，B资源储量稀缺，但它们的年开采率相同，即ADP值相同。虽然ADP值相同，但消耗单位计量的资源B对环境的负面影响要远大于资源A。因此，研究中采用资源消耗特征化因子的比值作为资源当量系数，具体如公式（3.4）所示。

$$r_r=\frac{ADP_i}{ADP_{clay}}=\frac{1/R_i}{1/R_{clay}}=\frac{R_{clay}}{R_i} \tag{3.4}$$

以石灰石的资源消耗特征化因子为参照基准，计算建筑材料生产常用矿产资源的资源消耗特征化因子和石灰石当量系数，如表3.4所示。研究中选择石灰石作为参照基准，是因为石灰石作为基础原材料，含有大量的硅和铝元素，被称为生产各种建筑材料的母材，被广泛应用于生产水泥、陶瓷、钢铁等基础建筑材料之中。

表3.4　　**主要矿产资源保有储量和资源当量系数**

资源种类	ADP/t^{-1}	保有储量R/t	石灰石当量
铁矿	1.60E-10	6.24E+10	1.39E+00
锰矿	1.18E-09	8.47E+08	1.02E+02
菱镁矿	2.63E-10	3.80E+09	2.28E+01
铝土矿	3.30E-10	3.03E+09	2.35E+01
黏土	1.79E-10	5.58E+09	1.55E+01
萤石	5.81E-09	1.72E+08	5.03E+02
磷矿	5.62E-11	1.78E+10	4.86E+00
硫铁矿	1.87E-10	5.36E+09	1.61E+01
重晶石	2.57E-09	3.89E+08	2.22E+02

续表

资源种类	ADP/t^{-1}	保有储量 R/t	石灰石当量
芒硝	1.63E-11	6.12E+10	1.41E+00
滑石	3.86E-09	2.59E+08	3.34E+02
石墨	1.44E-11	6.96E+10	1.24E+00
石灰石	1.61E-11	8.65E+10	1.00E+00
石膏	1.44E-11	6.96E+10	1.24E+00
叶蜡石	1.25E-08	7.97E+07	1.09E+03
方解石	2.90E-08	3.45E+07	2.51E+03
长石	1.90E-09	5.26E+08	1.64E+02
陶瓷用砂岩	3.77E-08	2.65E+07	3.26E+03
白云石矿	2.50E-10	4.00E+09	6.41E+02
石英岩	4.48E-10	1.23E+09	3.88E+01
水	2.85E-13	3.51E+12	2.46E-02

资源消耗总量模型如公式（3.5）所示。

$$S_R = \sum_{j=1}^{n} m_j r_{rj} \tag{3.5}$$

式中，S_R为资源消耗总量；m_j为资源j的消耗量；r_{rj}为资源j的折标石灰石系数。

（2）健康指标

设计健康指标时，主要考虑与人类健康密切相关的室内环境质量等因素[99]。材料的放射性和室内环境污染是影响人类健康的关键因素。放射性是指核素在衰变过程中释放出带电或不带电的粒子或射线，这种性质称为放射性[100]。建材制品的放射性主要来源于原材料本身，如天然的石材类，由于其岩石的种类和形成方式不同而具有不同程度的放射性。如水泥、陶瓷、混凝土砌块等建材产品在生产过程中添加了矿渣、粉煤灰、石膏等含高放射性的工业废渣，经高温煅烧后使放射性元素浓缩其中。由以上分析，健康指标可以分解为二级指标“室内环境质量”；“室内环境质量”二级指标可以分解为两个三级指标“材料放射性”和“室内环境污染”，具体指标分类和说明如表3.5所示。

表3.5　**建筑材料健康指标的分类和说明**

指标等级	指标名称	指标说明
一级指标	健康	
二级指标	室内环境质量	对建筑材料有害物质的限量要求，以及对室内空气质量的要求
三级指标	材料放射性	建筑材料中天然放射性核素的评价
三级指标	室内环境污染	建筑材料中甲醛、苯等污染物的评价

①材料放射性。

为了鼓励生产和使用无放射性的建材制品，采用评价建材制品中的放射性对人体健康的影响指标。建筑材料中的放射性物质对人体的危害包括辐射损伤、破坏机体分子、扰乱机体细胞组织的正常新陈代谢、破坏细胞和组织的结构。因此，利用工业固废为原材料制成的建材制品，其放射性必须满足国家相关规范要求。《建筑材料放射性核素限量》（GB6566—2001）国家标准中用放射性内照射指数和外照射指数评价材料的放射性。

②室内环境污染。

为了鼓励生产和使用无氡、甲酸、氨、苯、总挥发性有机化合物（TVOC）等污染物的建材制品，需评价建材制品的污染物释放量对人体健康的影响。室内空气污染程度往往要高出室外2~50倍。导致室内环境污染的主要因素有氡、游离甲酸、苯、氨和TVOC。甲酸污染主要来源于人造板及其制品、胶黏剂、内墙涂料、泡沫塑料、油漆、化纤地毯等。长期生活在低浓度甲醛的环境中会使人感到头痛、无力[94]。对室内所采用材料的有害物质限量必须达到国家相关标准的要求。标准中所列材料有害物质浓度是指单位容积材料中有害物质的含量。由于室内环境是多种类材料有害物质释放量的累加，当材料用量过多时，室内空气中的有害物质含量就会超过国家标准要求。所以，所评价的建材制品放射性和有害物质的释放必须满足国家标准要求。

(3) 环保指标

环保问题也是建材行业面临的一个重大问题。建材行业中的二氧化碳、硫化物、粉尘、废水、废渣排放给环境带来严重污染。环保指标是反映建材制品对环境影响的重要指标[94]。通过对生产过程中废气、废液和固废的排放建立量化评价,从根本上降低建材制品生产过程中对环境造成的危害。

设计建筑材料环保指标时,主要基于建筑材料全生命周期评价理论考虑建筑材料及其制品生产过程中废气、废液和固废的排放情况,如CO_2、SO_2、NO_x和粉尘等。建材工业的废液排放对环境的污染主要有化学需氧量(CO_D)、悬浮物、油类(SS)等。固体废弃物对环境的危害主要是建材生产过程中废渣的排放。由于缺乏具体的工业污染物排放统计数据,数据采集过程十分困难,部分数据无法直接获取,因此采用相关能源与原材料折算的方式获取[100]。

基于以上分析,可将建筑材料"环保"一级指标分解为"废气"、"废液"和"固废"三个二级指标。其中,"废气"分解为四个三级指标"CO_2"、"SO_2"、"NOx"和"粉尘";"废液"分解为三个三级指标"化学需氧量(COD)"、"悬浮物"和"油类(SS)";"固废"分解为一个三级指标"废渣",具体指标分类和说明如表3.6所示。

表3.6 **建筑材料环保指标分类和说明**

指标等级	指标名称	指标说明
一级指标	环保	
二级指标	废气	考察单位建材制品废气排放量对环境的危害
三级指标	CO_2	单位产品CO_2的排放量
三级指标	SO_2	单位产品SO_2的排放量
三级指标	NO_x	单位产品NO_x的排放量
三级指标	粉尘	单位产品粉尘的排放量
二级指标	废液	考察单位建材制品废液排放量对环境的危害
三级指标	化学需氧量	单位产品排放的废水中化学需氧量
三级指标	悬浮物	单位产品排放的废水中悬浮物的含量
三级指标	油类	单位产品排放的废水中油类物质含量
二级指标	固废	考察单位建材制品固废排放量对环境的危害
三级指标	废渣	单位产品主要固体废弃物的排放

（4）生态指标

建筑材料及其制品的生态属性是指大量利用固体废弃物作为原材料来替代不可再生的自然资源，以提高建筑材料制品的环境效益，提高产品废弃后的回收利用率和产品生产的本地化率，降低产品生产过程对环境造成的负担。基于建筑材料全生命周期评价理论和已有研究，一级“生态”指标分解为一个二级指标“环境效益”，而“环境效益”又可以分解为“回收率”“利废率”“本地化率”三个三级指标，具体指标分类和说明如表3.7所示。

表3.7　　建筑材料生态指标分类和说明

指标 等级	指标名称	指标说明
一级指标	生态	
二级指标	环境效益	产品对环境友好程度，减轻环境负荷的程度
三级指标	回收率	生产过程中排放固体废弃物的回收程度
三级指标	利废率	生产单位建材制品固体废弃物的利用程度
三级指标	本地化率	原材料中当地材料的使用程度

（5）舒适指标

舒适度是人体对周围温度、湿度和声环境直观感受的量化表达。在设计建材制品舒适评价指标时，通过功能性和坚固性来体现材料的舒适性。从建筑环境舒适性对建筑材料的要求出发，温度、湿度和声环境等功能属性可以通过材料的传热系数、吸湿性和隔声量来衡量。安全感是人们对材料舒适性的另一要求，稳定、坚固的建材制品能使居于其中的人感到满意。坚固性通常用材料的强度和耐久性来衡量。因此，能够令人体感到舒适的建材制品应该是具有高强度，良好的保温隔热性、吸湿性、隔声性和耐久性的，应鼓励设计和使用对人体舒适度高的产品。

基于建筑材料全生命周期评价理论和已有研究，可将“舒适”一级指标分解为“功能性”和“坚固性”两个二级指标；其中“功能性”指标可分解为三个三级指标“保温性”“吸湿性”“隔声性”，而“坚固性”指标可分解为“强度”“耐久性”两个三级指标，具体指标分类和说明如表3.8所示。

表3.8 建筑材料舒适指标分类和说明

等级＼指标	指标名称	指标说明
一级指标	舒适	有利于提高产品舒适度的功能属性
二级指标	功能性	产品对环境友好程度，减轻环境负荷的程度
三级指标	保温性	保温隔热性能
三级指标	吸湿性	对室内湿度调节的性能
三级指标	隔声性	隔声吸音性能
二级指标	坚固性	满足人体安全感的需求
三级指标	强度	主要是产品的抗压强度及力学性能
三级指标	耐久性	抗腐蚀、抗风化的能力

（6）经济指标

从生产成本角度出发考虑建材制品的经济性。建材制品生产成本主要包括材料成本和能源燃料成本[101]，提高产品经济性可以通过这两方面来降低其生产成本。产品的经济性是其是否能够占领市场的重要因素，也是其是否具有发展潜力的关键因素。鼓励建材企业提高产品经济性，利用废弃物来替代生产原材料，提高产品的回收再利用率和使用本地的原材料来降低原材料成本，降低能源消耗来降低燃料成本等。因此，建筑材料“经济”一级指标可分级为三个二级指标“生产成本”、“原料成本”和“燃料成本”。其中，生产成本是指生产建筑材料及其制品的企业生产活动的成本，是企业为生产产品而发生的成本，是衡量企业技术和管理水平的重要指标，本书中建筑材料经济性指标暂不考虑生产成本。经济性具体指标分类和说明如表3.9所示。

表3.9　　建筑材料经济指标分类和说明

指标 等级	指标名称	指标说明
一级指标	经济	有利于提高产品经济性的功能属性
二级指标	生产成本	单位产品的生产成本
二级指标	原料成本	单位产品的原料成本
二级指标	燃料成本	单位产品的燃料成本

①原料成本。

为了降低生产的原料成本，提高产品的经济性，评价单位建材制品的原料成本，鼓励利用废弃物替代原材料节约原料成本，可以根据单位建材制品的资源消耗总量和当前石灰石价格计算原料成本，计算公式如（3.6）所示。

$$C_R = S_R c_t \tag{3.6}$$

式中，C_R为原料成本，单位为元/计量单位；S_R为资源消耗总量，单位为吨/计量单位；c_t为资源当量价格。

②燃料成本。

为了降低生产的燃料成本，提高产品的经济性，评价单位建材制品的燃料成本，鼓励使用可再生性能源，如太阳能、风能等。根据单位建材制品的能源消耗总量和当前燃料煤价格计算材料燃料成本，计算公式如（3.7）所示。

$$C_E = S_E c_e \tag{3.7}$$

式中，C_E为燃料成本；S_E为综合资源消耗量；c_e为能源当量价格。

本书中资源消耗总量是折算石灰石当量，折算价格按石灰石市场价格。能源当量价格按标煤折算煤炭价格计算。标煤平均低位发热量为29.3MJ/kg，原煤平均低位发热量为20.908 MJ/kg（1kg原煤=lkg标煤×1.4014）。本书从建筑材料全生命周期视角出发，采用层次分析法构建了建筑材料绿色度评价质保体系，各级指标的建立都遵循了绿色建材所具备的特征，所建立的评价指标具有合理性。

3.4 本章小结

建筑材料作为建筑物系统的一部分，其绿色度直接关系到绿色建筑物全生命周期的环境影响。建筑材料的合理选择能有效提升建筑的绿色等级和质量。这就要求建筑物在保证结构可靠度和使用功能的前提下，最大限度地使用绿色建材，优化各种建筑材料的用量配比，使建筑物的物化环境影响最小，为建筑物整个生命周期产生最小的环境影响打下坚实的物质基础。本书在确定建筑材料绿色度综合评价指标体系指标结构为树型结构的基础上，基于建筑材料全生命周期评价理论和层次分析法构建了建筑材料绿色度综合评价指标体系。根据实际情况，决定综合评价指标体系为三层指标结构，并对各评价指标的目的和要求及意义进行了详尽阐述。

4 建筑材料绿色度物元分析评价模型

物元分析模型是我国学者蔡文于20世纪80年代提出的用于解决矛盾问题的技术方法，是贯穿社会科学和自然科学的一门新兴学科[102]。他在《科学探索学报》上发表的题为“可拓集合和不相容问题”的开创性文集标志着可拓学的诞生，开创了用来解决矛盾问题的物元理论。可拓学主要研究和处理的对象是现实世界中的不相容问题，是一门诞生于我国的新兴横断学科，它贯穿于自然科学和社会科学并且被广泛应用于各个领域。除此之外，可拓学还是一门系统科学、思维科学和数学相互交叉的边缘学科。它用“事物、特征、量值”三要素来描述事物组成基本元，将复杂的问题抽象为形象化模型，从定量的角度研究解决复杂的问题，从而较客观地反映事物质量的综合水平[103-105]。物元理论提出描述事物基本元的概念与性质，它的研究对象是现实中的矛盾问题，利用关联函数对事物进行量变和质变过程的定量描述，发现各子系统之间的矛盾，并将矛盾问题转化为相容问题，开拓出相关的决策策略集和关联策略集，从而为管理者的决策过程提供依据。它是在经典数学、模糊数学基础上发展起来而又有别于它们的新学科。经典数学的逻辑基础是形式逻辑，模糊数学的逻辑基础是模糊逻辑，而物元分析的逻辑基础是形式逻辑与辩证逻辑的结合；经典数学是描述人脑思维，按形式逻辑处理问题的工具，模糊数学是描述人脑思维处理模糊性信息的工具，而物元分析是描述人脑思维想办法解决不相容问题的工具，它带有很浓的人工智能色彩。物元分析法目前已广泛应用于环境评价、地基评价、城市发展评价、竞争力评价、绩效评价等方面，并产生了不错的效果。物元分析是研究物元及其变化规律，并用于解决现实世界中的不相容问题的有效方法。

4.1 物元分析评价方法的基本思路

物元理论旨在研究物元及其变换，而进行物元变换的依据就是物元的可拓性，包含了物元的发散性、可扩性、共轭性和相关性。本章运用物元分析方法，从建筑材料绿色度节能、环保、健康、舒适、生态和经济六个方面评价指标体系，建立建筑材料绿色度物元分析评价模型，并采用群体AHP法确定评价指标的权重，结合大连某水泥生产企业实际案例，对水泥绿色度进行全面、客观的评价。物元分析的步骤如图4.1所示。

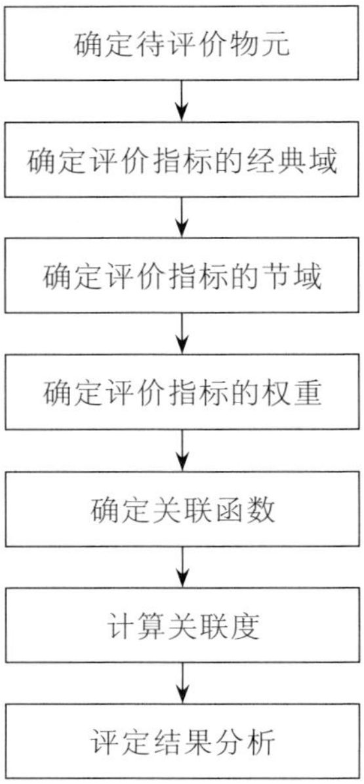

图4.1 物元分析步骤

在物元分析模型中，对于给定的事物名称N，其特征为C，量值为X，物元分析模型可表示为R=（N，C，X），如公式（4.1）所示：

$$R=\begin{bmatrix} N & C_1 & X_1 \\ & C_2 & X_2 \\ & \vdots & \vdots \\ & C_n & X_n \end{bmatrix}=\begin{bmatrix} R_1 \\ R_2 \\ \vdots \\ R_n \end{bmatrix} \tag{4.1}$$

4.2 确定评价模型经典域和值域

在物元分析模型中，若事物N有n个特征值（C_1，C_2，…，C_n），则称其为n维物元。标准事物R_j，其特征值C_i的取值范围（ε_{ji}，b_{ji}）为经典域，可表示为[102]：

$$R=\begin{bmatrix} R_j & C_1 & (a_{j1},b_{j1}) \\ & C_2 & (a_{j2},b_{j2}) \\ & \vdots & \vdots \\ & C_n & (a_{jn},b_{jn}) \end{bmatrix} \tag{4.2}$$

在物元分析模型中，节域指的是各指标全部等级的值域，可表示为：

$$R_P=(N_P,C_i,X_{Pi})=\begin{bmatrix} N_p & C_1 & (a_{p1},b_{p1}) \\ & C_2 & (a_{p2},b_{p2}) \\ & \vdots & \vdots \\ & C_n & (a_{pn},b_{pn}) \end{bmatrix} \tag{4.3}$$

4.3 确定物元分析模型评价指标权重

权重是某种数量形式对比、权衡被评价事物总体中诸因素相对重要程度的量值。它既是决策者的主观评价，又是指标本质物理属性的客观反映，是主客观综合度量的结果。权重主要取决于两个方面：第一，指标本身在决策中的作用和指标价值的可靠程度；第二，决贷者对指标的重视程度。建筑材料绿色度评价指标体系中，不同评价指标对建筑材料绿色度评价影响程度存在差异，因此需要对评价指标赋予一定的权重。常见权重的确定方法有主观赋权法和客观赋权法[106, 107]。客观赋权法需要大量的指标数据，因此本研究确定权重方法不适合采用客观赋权法，采用的是群体AHP主观赋权法。

4.3.1 群体AHP法模型

群体AHP法是由多位决策者共同参与、共同决策来确定评价指标权重。群体AHP法既不需要对大量指标数据进行计算处理，又可以降低或尽量排除人为主观因素的影响。群体AHP法是一种基于对决策者咨询的优化方法，构建层次结构模型[108]。群体AHP法的基本思想是将单人单准则下的AHP法推广为多人单准则下的AHP法，由多位决策者根据构建的评价指标层次结构，根据同一准则（隶属于同一个上级评价指标的同级指标）对各指标重要性两两做比较构成多个判断矩阵，再由向量综合法和合成权重向量算法计算各级评价指标的合成权重向量。群体AHP法弥补了单人AHP法因单个决策者做判断而易于造成决定过于武断的缺陷，弥补决策者个人才智、经验和精力的不足，同时也解决了评价指标数据样本少的问题，对于解决复杂的决策问题更客观、更正确。其过程主要包括：①构建层次结构模型，选择合适的评价指标构建方法将总目标分解为若干影响指标，又将这些影响指标按照支配关系分解成递进的层次结构。②构建判断矩阵，各位决策者根据同一准则，对同级别同隶属的评价指标的重要性两两比较，根据1~9标度方法建立判断矩阵。③判别判断矩阵的自身一致性和群体一致性。④计算评价指标权重向量，根据群体AHP法特点，考虑到在决策者咨询过程中，总会出现个别决策者咨询结果逾期返回的现象。

在建筑材料绿色度评价框架下，结合我国建筑材料生命周期过程的实际情况，从节能、环保、健康、舒适、生态和经济六个方面构建建筑材料绿色度三级层次结构评价指标体系。邀请行业内专家组成专家组，利用群体AHP主观赋权法确定评价指标权重。通过专家组的共同判断，构造判断矩阵群，对多层次评价指标进行定量分析计算，检验判断矩阵群满足一致性之后，最后确定评价指标综合权重。因此，利用群体AHP法构建指标层次是在建筑材料绿色度评价框架下，将建筑材料绿色度综合指标逐层分解，并按同级指标和上下级指标间的相互关系构成一个层次结构。建筑材料绿色度评价层次结构如图4.2所示。

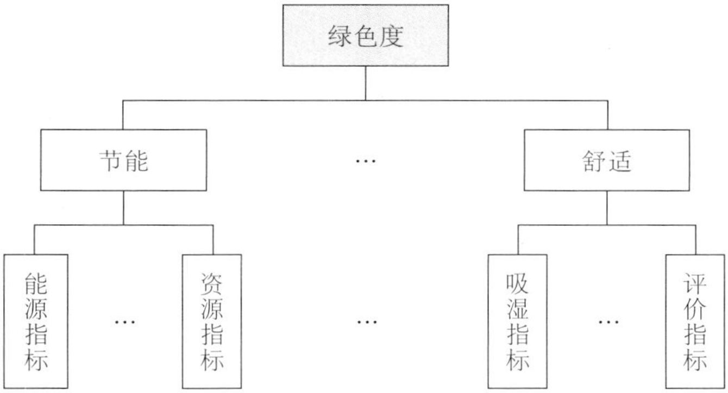

图4.2　建筑材料绿色度评价层次结构

在建筑材料绿色度评级下，构造判断矩阵群的目的是构造层次结构模型的分层判断矩阵群，决策者们对各评价指标重要性进行两两比较的判断是否符合客观实际，这一过程直接影响指标权重的确定。因此，本过程是根据建立的层次结构模型，决策者们针对上层某一指标（或称准则）对下一层与之有关联的指标，进行相互重要性比较，根据指标的重要程度评定等级，通常采用1~9及其倒数标度法进行打分，如表4.1所示。

表4.1　**判断矩阵标度及其含义**

标度	含义
1	两个指标相比较，指标i与指标j同样重要
3	两个指标相比较，指标i比指标j稍微重要
5	两个指标相比较，指标i比指标j明显重要
7	两个指标相比较，指标i比指标j特别重要
9	两个指标相比较，指标i比指标j极端重要
2、4、6、8	两相邻判断的中间值
倒数	如指标i与指标j重要性之比为x_{ij}，则指标j与指标i重要性之比为$1/x_{ij}$

采用1~9及其倒数的标度法是美国运筹学家T. L. Saaty教授于20世纪70年代初期提出的，是目前应用最为广泛的一种方法。笔者认为，仅用1~9的标度不足以清晰地表征指标间两两相互重要性的比较，标度

点离散性较大。已经有多篇文献[109-113]指出，其一方面可能导致计算结果错误，另一方面可能导致判断矩阵一致性与判断思维一致性不等价，矩阵一致性指示不能真正反映思维一致性程度。本书在1~9标度评价的基础上对AHP标度方法进行改进。在构造判断矩阵之前，按照1~9标度对应的语言标度，对评价的指标进行整体的重要性排序。每个指标根据其在整体中的重要性获得相应的定量标度，然后根据每个指标的定量标度再进行指标间两两比较构造判断矩阵，其优点为两两指标间比值区分度明显提高，结果更为精准，同时严格地保证了判断矩阵的一致性，其标度及其含义如表4.2所示。

表4.2 **指标重要性标度及其含义**

标度	含义
1	相对一般重要
3	相对稍微重要
5	相对明显重要
7	相对特别重要
9	相对极端重要
2、4、6、8	两相邻判断的中间值

例如，有4个指标X_1，X_2，X_3，X_4，首先对照表4.2对这4个指标进行整体重要性定量打分，打分结果如表4.3所示。

表4.3 **评价指标评分标度**

指标	X_1	X_2	X_3	X_4
标度	3	1	3	5

那么这四个指标构造的判断矩阵如下所示：

$$\begin{pmatrix} 1 & 3 & 1 & 3/5 \\ 1/3 & 1 & 1/3 & 1/5 \\ 1 & 3 & 1 & 3/5 \\ 5/3 & 5 & 5/3 & 1 \end{pmatrix}$$

$X_1/X_3=3/3=1$，两个相对稍微重要的指标比较结果就是同样重要，$X_4/X_1=5/3$，相对稍微重要与相对明显重要的指标比值结果在区间[1，2]内，对照表4.1标度及其含义可知，比同样重要程度稍强一点，但程度还不及同样重要和稍微重要之间的那个标度2。在构造判断矩阵之前对其进行预处理定量打分，能够使判断矩阵更为准确，能够直接根据1~9标度构造的判断矩阵比值所表示重要性含义上的区分度进行判断，弥补了人类感官区分度的不足。在构造判断矩阵之前对指标重要性打分预处理，是将定性判断和定量比值相融合的一种改进构造判断矩阵的方法。

实际上，凡是较复杂的决策问题，其判断矩阵是由多位专家（评价者）填写咨询表之后形成的，借助于专家的知识和经验，对众多因素进行两两比较，转化成决策所需的有用信息。因此，假设在建筑材料绿色度综合评价O作为准则层下，对下层指标E_1，E_2，…，E_n赋予相应权重，决策者要反复判断，在准则层O下比较元素E_i比E_j重要多少，由此得到准则O下的判断矩阵$O=(x_{ij})_{n\times n}$。根据建筑材料绿色度总目标的要求，本书作者邀请多位建筑材料领域专家对各层指标（或准则）进行比较判断得到若干判断矩阵，设决策者数为m，则将产生m个同一类型的判断矩阵群。

4.3.2 计算指标权重

首先计算每位决策专家针对某一准则下的指标权重，单人单准则下权重向量计算采用Saaty给出的求最大特征值的近似方法，群体AHP法权重向量计算过程如下：

①判断矩阵中每行元素联乘并开n次方。

$$w_i^*=\sqrt[n]{\prod_{j=1}^{n}x_{ij}} \tag{4.4}$$

②求指标权重。

$$w_i=w_i^*/\sum_{i=1}^{n}w_i^* \tag{4.5}$$

③判断矩阵中每列元素求和。

$$s_j=\sum_{i=1}^{n}x_{ij} \tag{4.6}$$

④计算最大特征值。

$$\lambda_{max}=\sum_{i=1}^{n}w_i s_i \tag{4.7}$$

⑤一致性检验。

Saaty认为当一致性比率CR<0.1时，判断矩阵具有满意的一致性，否则需要对判断矩阵进行调整，直到CR<0.1为止。计算公式如下：

$$CI=(\lambda_{max}-n)/(n-1) \tag{4.8}$$

$$CR=CI/RI \tag{4.9}$$

其中，RI为判断矩阵的平均随机一致性指标，具体参数值如表4.4所示。

表4.4 **判断矩阵的平均随机一致性指标**

n	1	2	3	4	5	6	7	8	9	10
RI	0	0	0.58	0.90	1.12	1.24	1.32	1.41	1.45	1.49

则决策者l在单准则下的指标权重值为 $w_l=(w_{l1},w_{l2},\cdots,w_{ln})$。采用加权几何平均法计算多人单准则下权重，具体步骤如下：

⑥计算单准则下各位决策者的权重向量相应分量的加权几何平均。

$$\bar{w}_i=\prod_{l=1}^{m}w_{li}^{\lambda_l} \tag{4.10}$$

其中 λ_l 表示决策者l的指标权重。

⑦规范化。

$$w_i=\bar{w}_i/\sum_{j=1}^{n}\bar{w}_j \tag{4.11}$$

得到指标权重向量 $w=(w_1,w_2,\cdots,w_n)$。

根据上述步骤可以计算出各级指标相对于上一级指标的相对权重。设第 $k-1$ 级 n_{k-1} 个指标对总目标的权重向量是 $w^{(k-1)}=(w_1^{(k-1)},w_2^{(k-1)},\cdots,w_{n_{k-1}}^{(k-1)})$，$k=1,2,\cdots,s$，第k级 n_k 个指标对 $k-1$ 级以第j个指标（$j=1,2,\cdots,n_{k-1}$）为准则的权重为 $P_j^{(k)}=(p_{1j}^{(k)},p_{2j}^{(k)},\cdots,p_{n_k j}^{(k)})$，其中与j无关联的指标其权重值为零。第k级 n_k 个指标对第 $k-1$ 级 n_{k-1} 个指标的权重矩阵 $P^{(k)}=[p_1^{(k)},p_2^{(k)},\cdots,p_{n_{k-1}}^{(k)}]_{n_k\times n_{k-1}}$，其中第i行向量（$p_{i1}^{(k)},p_{i2}^{(k)},\cdots,p_{in_{k-1}}^{(k)}$）表示

第k级的第i个指标对第k－1级的n_{k-1}个指标的权重。于是第k级的n_k个指标对总目标的权重向量可表示为$w^{(k)}=P^{(k)}w^{(k-1)}$，依此类推，合成权重向量的计算如公式（4.12）所示，即某一级指标的组合权重是该指标的权重和上一级指标的组合权重的乘积。

$$w^{(s)}=P^{(s)}P^{(s-1)}\cdots P^{(2)}w^{(1)} \tag{4.12}$$

组合权重的计算公式表明，要计算某一级指标的组合权重，必须知道上一级指标的组合权重，因而指标组合权重计算往往都是由高一级往下递推计算的[94]。

4.4 基于灰色关联度理论的判断矩阵群一致性检验

群体AHP法是一种基于对决策者咨询的优化方法，构建层次结构模型[108]，主要包括以下几个过程：①构建层次结构模型；②构建判断矩阵，由各位专家根据同一准则，依据1~9标度方法建立判断矩阵；③判别判断矩阵的自身一致性和群体一致性；④检验判断矩阵群满足一致性之后，确定评价指标综合权重。群体AHP法可以集结多位决策者的经验和知识，但决策者个体存在差别性，因此对同一指标的判别可能会出现不一致的现象。那么对于如何使决策群体的意见达成一致，国内外学者已经给出不同方法[114-119]，提出了用相容性指标来判别专家群体互反判断矩阵，用欧几里得距离检验专家群体决策数据和用模糊集合理论提出不一致性判定方法[120-122]。本书采用灰色关联度理论来判断决策者们的群体一致性并针对不一致性给出了调整方案。

灰色关联度理论恰恰能很好地诠释通过指标间几何形状的相似度来判断决策者给出的判断值是否与其他决策者有偏差，即群体AHP是否具有满意的一致性[123]。灰色关联度越大，说明对指标i与其他指标两两比较的判断值、决策者d_k与群体的意见越一致，判断矩阵群的一致性越高；反之亦然。参照参考文献[94]，基于灰色关联度理论的判断矩阵群一致性检验如下：

4.4.1 判断矩阵群一致性判别方法

设 $A^k=(x_{ij}^k)_{n\times n}$ 为决策者 d_k 构造的互反判断矩阵，$k=1,2,\cdots,m$；令 $A^0=(x_{ij}^0)_{n\times n}$，其中 x_{ij}^0 如公式（4.13）所示：

$$x_{ij}^0=\prod_{k=1}^{m}(x_{ij}^k)^{\lambda_k} \tag{4.13}$$

则称 A^0 为互反判断矩阵 A^1，A^2，…，A^m 的群体判断矩阵。其中 x_{ij}^0 为群体判断矩阵中指标 i 与指标 j 的比较判断值；x_{ij}^k 为决策者 d_k 关于因素 i 与因素 j 的比较判断值；λ_k 为决策者 k 的权重，且 $\lambda_k\in[0,1]$，$k\in N$，$\sum_{k=1}^{m}\lambda_k=1$。

本书采用加权几何平均算子（WGA）作为集结决策者们判断矩阵的算子[124]。专家构造的互反判断矩阵是以主对角线为轴的上下互反矩阵，其中 $a_{ij}=1/a_{ji}$，加权几何平均算子可以保持群集结矩阵仍然满足互反判断矩阵的特性。

设 $X_0=(x_0(1),x_0(2),\cdots,x_0(n))$ 为系统特征序列，且

$$\begin{gathered}X_1=(x_1(1),x_1(2),\cdots,x_1(n))\\ \vdots\\ X_i=(x_i(1),x_i(2),\cdots,x_i(n))\\ \vdots\\ X_m=(x_m(1),x_m(2),\cdots,x_m(n))\end{gathered}$$

为相关因素序列。对于 $\xi\in(0,1)$，令

$$r(x_0(k),x_i(k))=\frac{\min\limits_i\min\limits_k|x_0(k)-x_i(k)|+\xi\max\limits_i\max\limits_k|x_0(k)-x_i(k)|}{|x_0(k)-x_i(k)|+\xi\max\limits_i\max\limits_k|x_0(k)-x_i(k)|} \tag{4.14}$$

$$r(X_0,X_i)=\frac{1}{n}\sum_{k=1}^{n}r(x_0(k),x_i(k)) \tag{4.15}$$

$r(X_0,X_i)$ 满足灰色关联四公理[77]，称 $r(x_0(k),x_i(k))$ 为 X_i 与 X_0 在 k 点的关联系数，$r(X_0,X_i)$ 为相关因素序列 X_i 与系统特征序列 X_0 的灰色关联度。

灰色关联度指标如公式（4.16）所示，r_{jk} 表示矩阵 A^0 中指标 X_j^0（$X_j^0=(x_{1j}^0,x_{2j}^0,\cdots,x_{nj}^0)$）与矩阵 A_k 中指标 X_j^k（$x_j^k=(x_{1j}^k,x_{2j}^k,\cdots,x_{nj}^k)$）的灰色关联度，称 r_{ik} 为关于指标 X_j，A^k 与 A^0 的灰色关联度指标，其构成的矩阵

$R=(r_{jk})_{n\times m}$为灰色关联度指标矩阵，如公式（4.16）所示：

$$r_{jk}=r(x_j^0,x_j^k)=\frac{1}{n}\sum_{i=1}^{n}r(x_{ij}^0,x_{ij}^k) \tag{4.16}$$

其中，$r(x_{ij}^0,x_{ij}^k)=\dfrac{\min\limits_i\left|x_{ij}^0-x_{ij}^k\right|+\xi\max\limits_i\left|x_{ij}^0-x_{ij}^k\right|}{\left|x_{ij}^0-x_{ij}^k\right|+\xi\max\limits_i\left|x_{ij}^0-x_{ij}^k\right|}$，$\xi$为分辨系数，$\xi\in(0,1)$，一般令$\xi=0.5$。

R_j和QR分别为指标X_j和群体判断的一致性指标，如公式（4.17）和（4.18）所示：

$$R_j=\frac{1}{m}\sum_{k=1}^{m}r_{jk} \tag{4.17}$$

$$QR=\frac{1}{n}\sum_{j=1}^{n}R_j \tag{4.18}$$

设$A^1,A^2,\cdots,A^m$是决策群体关于某准则的判断矩阵群，判断矩阵A^k（$k=1,2,\cdots,m$）的最大特征值对应的特征向量记为w_{ik}，其中：

$$w'_{ik}=\sqrt[n]{\prod_{j=1}^{n}x_{ij}^k} \tag{4.19}$$

$$w_{ik}=w'_{ik}/\sum_{i=1}^{n}w'_{ik} \tag{4.20}$$

$w^*=(w_1^*,w_2^*,\cdots,w_n^*)$为决策群体的综合特征向量，其中：

$$w_i^*=\frac{1}{m}\sum_{k=1}^{m}w_{ik} \tag{4.21}$$

$A^*=(w_i^*/w_j^*)_{n\times n}$是该问题的群体完全一致性判断矩阵。

其中，阈值QR的设定非常关键，其值的大小直接决定了决策群体的判断矩阵是否具有满意的一致性。由公式（4.17）和（4.18）可以得出：$0\leqslant QR\leqslant 1$。当QR=1时，表示要求专家们的决策必须完全一致，这样就忽视了专家个体的多样性。当QR=0时，表示无论专家们做出什么样的决策都具有满意的一致性。这两种情况的阈值对群体决策一致性的判别来说均毫无意义。

对于群体AHP法而言，如何确定合理有效的阈值QR至关重要。本书中阈值QR的设定与完全一致性矩阵有着密切的联系。在研究判断矩阵一致性问题时，常以完全一致性矩阵作为比较基准。在已有文献的基础上，用完全一致性矩阵替换群体判断矩阵计算得来的群体判断矩阵一致性指标作为群体一致性阈值，记作 QR^*，以此作为该决策群体是否具有满意一致性的阈值[125]。令 $X'^k_j = X^k_j / \sum_{i=1}^{n} x^k_{ij} = (x'^k_{1j}, x'^k_{2j}, \cdots, x'^k_{nj})$，分别计算每位决策者判断矩阵与群体判断矩阵和群体完全一致性矩阵的灰色关联度指标，以及群体判断一致性指标 QR 和群体一致性阈值 QR^*。其中：

$$x'^k_{ij} = x^k_{ij} / \sum_{t=1}^{n} x^k_{tj} \tag{4.22}$$

4.4.2 判断矩阵群一致性的调整方法

如果群体判断一致性指标不满足一致性要求，即 $QR < QR^*$，则认为群体判断的结果没有达成一致性，需要对个别决策者的判断矩阵进行调整，步骤如下：

① 找出小于 QR^* 的 R_j，记作 R_{j^*}，因为 R_{j^*} 越小，指标 X_{j^*} 的一致性越差，专家对指标 X_{j^*} 判断有较大的差别，需要调整指标 X_{j^*} 的判断值。

② 计算 $\min\limits_{1 \leq k \leq m} r_{j^*k}$，其结果记作 $r_{j^*k^*}$，说明 R_{j^*} 较小的原因是某位决策者 d_{k^*} 对指标 X_{j^*} 与群体判断的判别值的灰色关联度较小，确定需要调整的 k^* 和 j^*。

③ 由灰色关联度计算公式可知，$|x^0_{ij} - x^k_{ij}|$ 越大，r_{jk} 越小，所以计算 $\max\limits_{1 \leq i \leq n} |x^0_{ij^*} - x^{k^*}_{ij^*}|$，其结果记作 $x^{k^*}_{i^*j^*}$，这样追踪到了 A^{k^*} 中的 $x^{k^*}_{i^*j^*}$ 需要调整。

④ 调整 $x^{k^*}_{i^*j^*}$，调整的目标值以接近群体判断矩阵中相对应的判断值为宜，调整公式如下：

$$x' = \left[\frac{(x^0_{i^*j^*})^m}{x^{k^*}_{i^*j^*}} \right]^{1/(m-1)} \tag{4.23}$$

⑤ 重新计算调整后的 QR 和 QR^*，判断是否满足 $QR \geq QR^*$，若不满足则返回第二步重新调整，若满足则退出调整。

4.5 案例分析

结合文献[120]中的算例进行计算，4位专家(e_1，e_2，e_3，e_4)对4个评价指标(x_1，x_2，x_3，x_4)给出的判断矩阵如下：

$$A_1=\begin{pmatrix}1 & 1 & 3 & 1\\ 1 & 1 & 4 & 3\\ 1/3 & 1/4 & 1 & 1\\ 1 & 1/3 & 1 & 1\end{pmatrix},A_2=\begin{pmatrix}1 & 1/2 & 1 & 1\\ 2 & 1 & 1 & 3\\ 1 & 1 & 1 & 2\\ 1 & 1/3 & 1/2 & 1\end{pmatrix},A_3=\begin{pmatrix}1 & 4 & 3 & 1\\ 1/4 & 1 & 1 & 1/2\\ 1/3 & 1 & 1 & 1\\ 1 & 2 & 1 & 1\end{pmatrix},$$

$$A_4=\begin{pmatrix}1 & 1 & 1 & 2\\ 1 & 1 & 2 & 3\\ 1 & 1/2 & 1 & 1\\ 1/2 & 1/3 & 1 & 1\end{pmatrix}$$

根据专家给出的判断矩阵A_k（k=1，2，3，4），经计算各个专家给出的互反判断矩阵的一致性比率值均符合要求（C.R.<0.1）。计算群体判断矩阵A^0和群体完全一致性矩阵A^*及一致性指标矩阵R^0和R^*，如下所示：

$$A^0=\begin{pmatrix}1 & 1.1892 & 1.7491 & 1.1892\\ 0.8409 & 1 & 1.6818 & 1.9168\\ 0.5717 & 0.5946 & 1 & 1.1892\\ 0.8409 & 0.5217 & 0.8409 & 1\end{pmatrix},A^*=\begin{pmatrix}1 & 1.9343 & 1.5725 & 1.6174\\ 0.0703 & 1 & 1.6830 & 1.7311\\ 0.6359 & 0.5942 & 1 & 1.0285\\ 0.6183 & 0.5777 & 0.9723 & 1\end{pmatrix}$$

$$R^0=\begin{pmatrix}0.6086 & 0.5875 & 0.6859 & 0.5947\\ 0.6824 & 0.5353 & 0.5970 & 0.6840\\ 0.5574 & 0.5799 & 0.5775 & 0.6285\\ 0.5193 & 0.5814 & 0.7448 & 0.5814\end{pmatrix},R^*=\begin{pmatrix}0.6963 & 0.5248 & 0.6410 & 0.6364\\ 0.6197 & 0.5551 & 0.5590 & 0.7251\\ 0.6384 & 0.6142 & 0.6529 & 0.7044\\ 0.6612 & 0.5517 & 0.7366 & 0.6641\end{pmatrix}$$

计算群体判断一致性指标QR和群一致性阈值QR^*，如表4.5所示。

表4.5 **群一致性检验结果**

决策专家 / 一致性	d_1	d_2	d_3	d_4
R_i^*	0.6539	0.5610	0.6474	0.6825
R_i^0	0.5919	0.5710	0.6513	0.6222
QR^*	0.64			
QR^0	0.61			

结合判断矩阵群的调整，由表4.5可知，$QR^0 < QR^*$，4位专家对指标x_1，x_2，x_3，x_4构造的判断矩阵A_1，A_2，A_3，A_4不满足群一致性的要求。$R_1^0 < 0.64$，$R_2^0 < 0.64$，$R_4^0 < 0.64$，专家群中d_1，d_2和d_4的指标判断值需要调整。$\min_i r_{i1} = r_{41}$，$\min_i r_{i2} = r_{22}$，$\min_i r_{i4} = r_{44}$，R_1^0，R_2^0和R_4^0的一致性指标最小的灰色关联度指标为r_{41}，r_{22}，r_{24}。$\min_j r_{41}(j) = r_{41}(2)$，$\min_j r_{22}(j) = r_{22}(1)$，$\min_j r_{44}(j) = r_{44}(1)$，专家判断矩阵$A_1$中$x_{42}^1$，$A_2$中$x_{21}^2$，$A_4$中$x_{41}^4$指标判断值需要调整，调整后的决策者判断矩阵$A_1'$，$A_2'$，$A_4'$，$A^{0}{}'$及$A^{*}{}'$，$R^{0}{}'$和$R^{*}{}'$如下所示：

$$A_1' = \begin{pmatrix} 1 & 1 & 3 & 1 \\ 1 & 1 & 4 & 5/3 \\ 1/3 & 1/4 & 1 & 1 \\ 1 & 3/5 & 1 & 1 \end{pmatrix}, A_2' = \begin{pmatrix} 1 & 3/5 & 1 & 1 \\ 5/3 & 1 & 1 & 3 \\ 1 & 1 & 1 & 2 \\ 1 & 1/3 & 1/2 & 1 \end{pmatrix}, A_4' = \begin{pmatrix} 1 & 1 & 1 & 1 \\ 1 & 1 & 2 & 3 \\ 1 & 1/2 & 1 & 1 \\ 1 & 1/3 & 1 & 1 \end{pmatrix}$$

$$A^{0}{}' = \begin{pmatrix} 1 & 1.6090 & 1.7491 & 1 \\ 0.6223 & 1 & 1.6818 & 1.6549 \\ 0.5717 & 0.5946 & 1 & 1.1892 \\ 1 & 0.6043 & 0.8409 & 1 \end{pmatrix}, A^{*}{}' = \begin{pmatrix} 1 & 1.0809 & 1.6039 & 1.5350 \\ 0.9251 & 1 & 1.4838 & 1.4200 \\ 0.6235 & 0.6739 & 1 & 0.9570 \\ 0.6515 & 0.7042 & 1.0449 & 1 \end{pmatrix}$$

$$R^{0}{}' = \begin{pmatrix} 0.5436 & 0.7989 & 0.7056 & 0.6755 \\ 0.7694 & 0.6994 & 0.6000 & 0.6631 \\ 0.5574 & 0.5799 & 0.5775 & 0.6285 \\ 0.8206 & 0.6799 & 0.7869 & 0.6983 \end{pmatrix}, R^{*}{}' = \begin{pmatrix} 0.6989 & 0.5086 & 0.6441 & 0.6136 \\ 0.6045 & 0.6655 & 0.5565 & 0.7129 \\ 0.6467 & 0.6323 & 0.6211 & 0.6558 \\ 0.6885 & 0.5489 & 0.7297 & 0.6214 \end{pmatrix}$$

调整后群一致性检验结果见表4.6。

表4.6 **调整后群一致性检验结果**

决策专家 / 一致性	d_1	d_2	d_3	d_4
$R_i^{*}{}'$	0.6597	0.5888	0.6378	0.6510
$R_i^{0}{}'$	0.6727	0.6895	0.6675	0.6664
$QR^{*}{}'$	0.63			
$QR^{0}{}'$	0.67			

经过一次调整$QR^{*}{}' = 0.63$，$QR^{0}{}' = 0.67$，$QR^{0}{}' > QR^{*}{}'$。关于指标x_1，x_2，x_3，x_4的判断矩阵群满足群一致性要求，见表4.7。

表4.7　　不同检验方法结果分析

检验方法	判断矩阵群一致性检验	调整元素	调整后结果
指标相容法	不满足一致性	x_{12}^2, x_{42}^1	满足一致性
灰色关联度分析法	不满足一致性	$x_{42}^1, x_{21}^2, x_{41}^4$	满足一致性

文献[120]中，仅仅选取了x_{12}^2，x_{42}^1作为调整元素，采用的灰色关联度的判别方法和调整方法选取的调整元素是x_{42}^1，x_{21}^2，x_{41}^4，调整后的专家群体判断矩阵具有满意的一致性。经过文献对比分析可知，采用灰色关联度较小的判断矩阵具有更高的识别程度，经调整后的判断矩阵能够满足一致性检验的要求。

4.6　小结

在介绍AHP法确定评价指标权重的原理的基础上，通过对主观赋权法和客观赋权法优缺点进行分析，针对单人AHP赋权法和客观赋权法存在的不足，构建了群体AHP赋权法模型。该方法既弥补了单人主观赋权法易过于主观判断的不足，又避免了客观赋权法需要大量评价指标数据计算的不足，所得的评价指标权重更加科学、合理。构造判断矩阵时，对AHP标度方法进行改进。基于1~9标度对应的语言标度，提出指标重要性标度，并以此为衡量标准，将每个指标根据其在整体中的重要性获得相应的定量标度。然后根据两两指标的定量标度比值构造判断矩阵。采用改进的判断矩阵构造方法，判断矩阵两两指标间比值区分度明显提高，结果更为精准，同时严格保证了判断矩阵的一致性。

5 水泥材料的绿色度评价

1824年，波特水泥的出现彻底改变了世界，它和建筑钢筋一起演绎着丰富多彩的建筑文化，广泛地应用于工业、农业、城市建设、国防、水利以及海洋开发等工程建设中，常用来拌制混凝土、砂浆及水泥基制品。水泥混凝土产品是国民经济和社会发展最重要的基础材料。迄今为止，尚未发现有其他材料能完全取代其重要位置。近年来，我国水泥行业的从业人数居于世界首位，然而水泥混凝土产品属于“三高一低”，即高成本、高污染、高能耗和低附加值，严重依赖石灰石矿山资源，消耗着大量的资源和能源，污染环境，每生产1吨水泥熟料，向大气中排放的二氧化碳约为1吨。水泥行业的发展所面临的能源、经济和环境问题矛盾日益突出[126]。资源方面，水泥行业消耗大量的砂石，资源日益枯竭；能源方面，水泥行业一直是高耗能行业；环境方面，非洁净能源的使用，产生大量的废水、废气和固体废弃物，会导致环境恶化。当前，我国宏观经济调控的质量和水平进一步提高，强调改善发展环境，促进转型升级，大力提倡发展节能环保型循环经济，已成为企业未来发展强弱存亡的关键。此外，由于国家基础设施和城镇化建设的需求，水泥工业在未来较长一段时间内还将保持较高的产能。因此，促进水泥行业能源、经济以及环境之间的协调可持续发展是摆在我们面前的重大战略问题。

5.1 水泥的原材料和生产工艺

5.1.1 水泥的原材料

我国土木工程领域中目前使用的主要是硅酸盐系列水泥，它是以适当的生料烧至部分熔融，得到以硅酸钙为主要成分的硅酸盐水泥熟料，加入适量的石膏，磨细制成的水硬性胶凝材料。硅酸盐水泥熟料的基本组成是硅酸钙，生产硅酸盐水泥的原料主要是石灰质和黏土质原料两类，石灰质原料主要提供CaO，如石灰石、白垩、泥灰岩和贝壳，黏土质原料主要提供SiO_2、Al_2O_3和Fe_2O_3。当原料的化学成分不能满足要求时，还需要加入少量的校正原料来调整，如黄铁矿渣等。此外，为了改善煅烧条件，常加入少量矿化剂，如萤石、重晶石和某些金属尾矿等。在水泥生产过程中，为了调节水泥的凝结时间还要加入二水石膏、半水石膏或无水石膏以及它们的混合物或工业副产品石膏等石膏缓凝剂。为改善水泥性能，调节水泥强度等级，生产时往往还要加入一些矿物材料，成为混合材料[84]。

5.1.2 水泥的生产工艺

生产水泥的工艺过程：首先将原材料按适当比例混合后再磨细，然后将制成的生料入窑（回转窑或立窑）进行高温煅烧，再将烧好的熟料配以适当的石膏和混合材料在磨机中磨成细粉，即得到水泥，如图5.1所示。

整个水泥生产的工艺过程可以概括为“两磨一烧”，生产过程如图5.2所示。

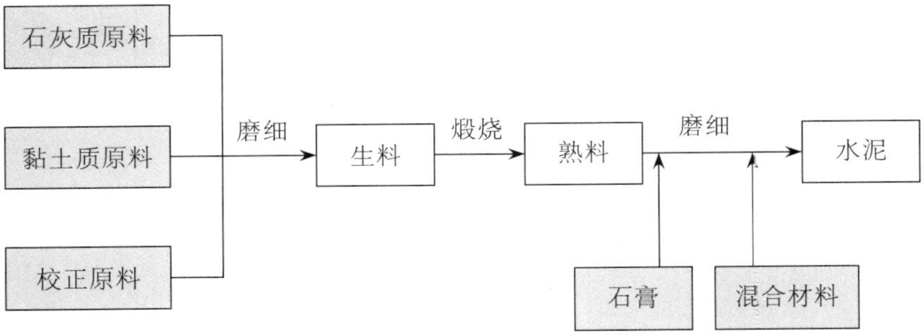

图 5.1　硅酸盐水泥生产工艺示意图

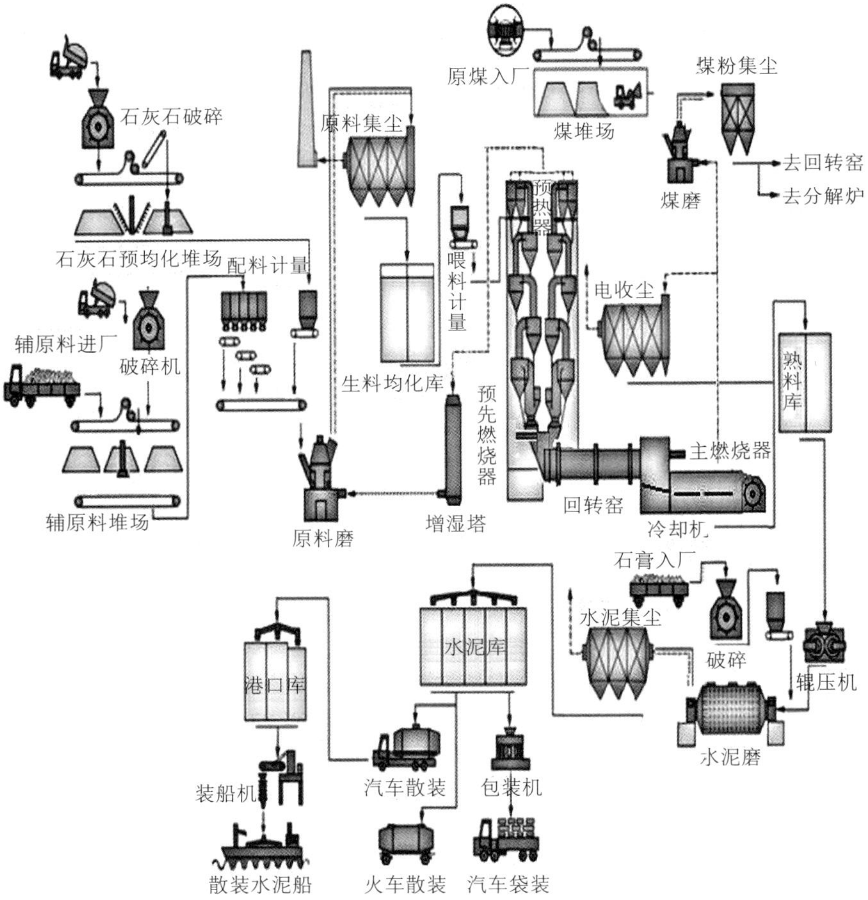

图 5.2　硅酸盐水泥生产基本过程

5.2 水泥材料绿色度评价标准制定的原则和等级制定方法

水泥材料绿色度评价等级标准的制定是通过查阅文献资料、实地调研考察和建筑材料产品检测等手段，对采集的原始数据进行处理，并采用统一标准，确定各指标的等级分值。在此基础上，本研究采用分级数据处理和线性插值法确定硅酸盐水泥绿色度评价指标的等级标准值，使建筑材料绿色度评价方法更具有科学性和准确性，为今后建筑材料绿色度评价和研究奠定基础。

5.2.1 建筑材料绿色度评价标准制定的原则

建筑材料绿色度评价标准是衡量建筑材料在生产加工过程中对能源和资源的消耗程度，在使用过程中对人体的健康性，满足人体所需求的舒适程度，衡量材料在生产过程中废气、废液和固废排放强度，衡量材料给环境带来的效益程度，衡量材料的经济性程度的标准。在制定建筑材料绿色度评价标准时，应遵循以下原则：

（1）科学性

在制定建筑材料绿色度评价标准时，材料的绿色度等级不是评价的最终目的。建筑材料绿色度评价的核心思想是通过材料的绿色度，找出材料的发展方向，能够为绿色材料的未来发展和创新给出指导性的意见。

（2）合理性

在制定建筑材料绿色度评价标准时，要充分考虑我国国情和建筑材料行业发展现状。既要参考国外相关标准数据，同时也要结合我国目前建材生产实际数据。如果标准制定得过高，超出了我国现实的技术水平，不能对材料给予准确清晰的定位，这样就失去了评价的意义。如果标准制定得过低，过于迁就我国某些方面的技术水平，这样的评价不能够给予材料积极的引导，则同样失去了意义。建筑材料绿色度评价标准的制定，主要依据现行的国家标准和规范、国内外相关文献数据、国家统计年鉴等。这些数据能够比较准确客观地反映我国建材行业实际情况，因此建筑材料绿色度评价标准具有客观合理性。

（3）动态性

在制定建筑材料绿色度评价标准时，要考虑它的时效性。标准是相对的、动态的，应随着科学技术的发展而做出相应修正。评价标准等级的建立既要有发展前瞻性，又要与当前工业水平相适应。

（4）定量指标与定性指标相结合

可以通过数量计算的定量化指标要尽可能占评价指标的主体。定量评价标准要选择可靠性高、质量高的数据为依据。在制定评价标准时，国家统计数据库、各种国家行业相关规范和标准、国际标准等可以作为最重要的参考依据。对于现行规范没有规定的评价指标，可根据文献统计资料或地区实践水平计算制定。对于不能定量评价的指标应采用定性评价，采用描述性语言作为评分基准，统一定性评价标准等级分值。

（5）具有先进性

要满足材料可持续发展的要求，当有新技术或革新出现时，评价标准要能够及时调整更新。建筑材料绿色度评价体系是一个复杂的评价体系，制定评价标准时，既要与国家颁布的规范和标准相一致，把现行的规范、标准作为评价标准的基础，同时又要注意结合中国的国情，顾及某些技术还不太成熟的建材产品。

5.2.2 建筑材料绿色度评价标准等级制定方法

建筑材料绿色度评价指标体系是将6个一级指标逐层地划分为若干二级和三级评价指标，底层的三级指标是具体评价工作的操作层，即通过三级评价指标的具体数据来逆向递推二级评价指标和一级评价指标，最终反映建材产品的绿色度。对建材产品绿色度评价首先要建立以三级评价指标为单元的评价空间，划分各评价指标的等级标准，然后根据评价对象的实际情况确定各级评价指标的价值。制定评价等级标准方法采用线性插值法[94]。基于研究对象的评价指标值确定评价空间，将评价指标可以达到的最小值（<5）作为评价区间下限，评价指标可以达到的最大值作为评价区间上限，然后将评价区间延拓到整个实数区间。

5.3 水泥绿色度评价指标体系划分标准

评价指标的制定是水泥材料绿色度评价的关键环节。目前，我国建材行业绿色度评价尚处于探索阶段，没有统一的评价标准。本书以通用硅酸盐水泥为基础研究对象，制定单位硅酸盐水泥评价标准。

5.3.1 水泥节能评价指标标准

制定硅酸盐水泥的节能评价指标的目的，不仅仅是减少能源的消耗量，更重要的是减少不可再生或再生周期较长的自然资源的消耗量。从硅酸盐水泥的原材料和生产工艺过程可以看出，硅酸盐水泥在全生命周期过程中消耗的自然资源主要为矿产资源，因此，“节能”指标主要用矿产资源指标中的“资源消耗”和“能源消耗”来度量。

（1）资源消耗

资源消耗衡量建筑材料在开采和生产过程中所消耗的金属和非金属矿产资源。研究水泥资源消耗总量仅考虑生产原材料中资源的投入量，主要考虑水泥生料的消耗量，混合掺合料大多是矿渣、粉煤灰、火山灰等活性材料，属于废弃物回收再利用范畴，在后面的废弃物利用率评价等级标准中再做考虑。通用硅酸盐水泥根据熟料、石膏和混合材料组成比例不同，可分为六类。研究中通过对通用硅酸盐水泥资源消耗量的统计计算，进行分类划分确定资源消耗量评价等级标准，通用硅酸盐水泥各组分含量参照标准为《通用硅酸盐水泥》（GB157—2007）[127]，如表5.1所示。

由表5.1可以看出，在硅酸盐水泥生产过程中资源消耗最大的是水泥熟料，水泥熟料在生产过程中需要消耗的资源主要是石灰石、黏土和铁粉，除此之外为了调节水泥的凝结时间，还需要有适量的石膏。因此，研究中计算通用硅酸盐水泥的资源消耗总量，主要考虑硅酸盐水泥熟料和石膏的资源消耗总量。结合已有研究文献[128-136]，通用硅酸盐水泥生料平均配合比如表5.2所示。

表5.1　　**通用硅酸盐水泥各组分含量**

品种	组分（%）				
	熟料+石膏	粒化高炉矿渣	火山灰质混合材料	粉煤灰	石灰石
硅酸盐水泥P.Ⅰ	100	—	—	—	—
硅酸盐水泥P.Ⅱ	[95，100]	[0，5]	—	—	—
	[95，100]	—	—	—	[0，5]
普通硅酸盐水泥P.O	[80，95]	—	[5，20]	—	—
矿渣硅酸盐水泥P.S.A	[50，80]	[20，50]	—	—	—
矿渣硅酸盐水泥P.S.B	[30.50]	[50，70]	—	—	—
火山灰质硅酸盐水泥P.P	[60，80]	—	[20，40]	—	—
粉煤灰硅酸盐水泥P.F	[60，80]	—	—	[20，40]	—
复合硅酸盐水泥P.C	[50，80]	[20，50]			

表5.2　　**通用硅酸盐水泥生料平均配合比**

序号	黏土		石灰石		铁粉	
	组分（%）	烧失量（%）	组分（%）	烧失量（%）	组分（%）	烧失量（%）
1	16.4	0.90	82	34.98	1.6	0.01
2	16.7	0.91	81.7	34.85	1.6	0.01
3	17	0.93	81.4	34.73	1.6	0.01
4	13.94	0.73	83.04	34.11	3.01	0.01
5	14.02	0.74	82.97	34.08	3.01	0.01
6	14.11	0.74	82.94	34.07	2.95	0.01
7	20	0.80	73	30.3	7	—
8	13.71	0.75	82.08	35.02	4.2	—
9	13.89	0.73	83.12	34.15	2.99	0.01
10	13.76	0.73	82.13	35.04	4.11	—
11	14.10	0.74	82.94	34.07	2.95	0.01

通过表5.2可知，硅酸盐水泥在生产过程中消耗的不可再生资源主要包括两个方面。一是烧制熟料所需要的生料，二是添加0%~5%的石膏。在水泥熟料的生产过程中，1吨水泥生料的烧失量为34.93%左右。生产1吨水泥熟料需要消耗原材料1.5368吨，其中石灰石1.2536吨，黏土0.2342吨，铁粉0.0489吨[94]。可以看出，在通用硅酸盐水泥中，水泥熟料含量的多少直接决定水泥资源消耗量的大小。此外，在通用硅酸盐水泥生产过程中，石膏掺量范围是0~5%，研究中按3%计算。根据资源消耗总量模型公式$S_R=\sum_{j=1}^{n} m_j\gamma_{lj}$计算通用硅酸盐水泥资源消耗量如表5.3所示。

表5.3　**通用硅酸盐水泥的资源消耗量**

	原料组分资源当量				资源消耗总量S_R(t)
资源当量系数	黏土（t）	石灰石（t）	铁粉（t）	石膏（t）	
	1	1.22	1.39	1.24	
P.Ⅰ原料组分	0.23	1.1533~1.216	0.05	0.03	4.84
P.Ⅱ原料组分	0.2155~0.2272	0.9653~1.1533	0.0450~0.0474	0.03	4.59~4.84
P.O原料组分	0.1803~0.2155	0.5892~0.9653	0.0377~0.0450	0.03	3.85~4.59
P.S.A原料组分	0.1101~0.1803	0.3385~0.5892	0.0230~0.0377	0.03	2.36~3.85
P.S.B原料组分	0.0632~0.1101	0.7146~0.9653	0.0132~0.0230	0.03	1.37~2.36
P.P原料组分	0.1335~0.1803	0.7146~0.9653	0.0279~0.0377	0.03	2.86~3.85
P.F原料组分	0.1335~0.1803	0.5892~0.9653	0.0279~0.0377	0.03	2.86~3.85
P.C原料组分	0.1101~0.1803	1.22	0.0230~0.0377	0.03	2.86~3.85

由表5.3可以看出，在通用硅酸盐水泥体系中，矿渣硅酸盐水泥P.S.B的不可再生资源消耗总量最少，为1.37吨，而硅酸盐水泥P.Ⅰ的不可再生资源消耗总量最多，其值为4.84吨，这是由于矿渣硅酸盐水泥在生产过程中，最高可掺入70%的粒化高炉矿渣，与硅酸盐水泥P.Ⅰ相比，可节约70%的熟料和石膏，大大降低了水泥生产过程中的资源消耗总量。本研究中根据硅酸盐水泥的资源消耗量，计算水泥资源消

耗评价标准如表5.4所示。

表5.4 单位水泥资源消耗评价标准（t/t）

标准等级	第一等级	第二等级	第三等级	第四等级	第五等级
标准值S_R	[0，1.37]	[1.37，2.53]	[2.53，3.68]	[3.68，4.84]	[4.84，6.21]

（2）能源消耗

能源消耗衡量建筑材料在开采、生产和使用过程中所消耗的可再生能源和不可再生能源的量。根据《水泥单位产品能源消耗限额》（GB16780—2007）的规定，水泥能源消耗下限是4 000t/d，可比水泥综合能耗限额先进值不高于93kgce/t，水泥能源消耗上限是1 000t/d，可比水泥综合能耗限额限定值不高于118kgce/t。本书将水泥综合能耗限额118 kgce作为评价空间上限值，以93 kgce作为评价空间下限值，硅酸盐水泥的生产过程可总结为“两磨一烧”，综合能源消耗是指煤耗和电耗之和，煤耗主要是指在“一烧”水泥熟料中消耗的原煤，而电耗是指在“两磨”熟料和水泥及相应的原材料运输中消耗的电能。煤耗平均低位发热量为20.908 MJ/kg，电力的平均低位发热量为3.6 MJ/（kwh）[94，101]。根据能源消耗总量模型$S_E=\sum_{j=1}^{n}e_j\gamma_{ej}$可计算单位水泥产品的能源消耗总量，根据评价等级制定方法计算通用硅酸盐水泥的能源消耗评价标准如表5.5所示。

表5.5 硅酸盐水泥综合能源消耗评价标准（kgce/t）

标准等级	一等级	二等级	三等级	四等级	五等级
能源消耗	[0，93]	[93，101.33]	[101.33，109.67]	[109.67，118]	[118，136]

5.3.2 水泥环保评价指标标准

通用硅酸盐水泥材料在开采、生产和使用过程中对环境所带来的污染形式主要有废气、废液和固废[101]。

（1）废气

通用硅酸盐水泥生产过程中的大气污染物主要来源于原料和燃料的

燃烧分解，生料磨、煤磨和水泥磨粉碎过程中产生的粉尘和烟尘物质。由于国内水泥生产企业及相关的环保部门缺乏具体统计数据，部分数据无法直接获取，需要采用相关能源消耗折算方法间接计算，据资料统计，1千克水泥生料排放CO_2 0.346千克[137]，1千克标煤排放CO_2 2.212千克、SO_2 0.0195千克[87]。基于《水泥工业大气污染物排放标准》[138]制定的单位水泥粉尘排放评价标准如表5.6所示。

表5.6　单位水泥粉尘排放量评价标准（kg/t）

标准等级	一等级	二等级	三等级	四等级	五等级
粉尘排放量	[0，0.324]	[0.324，1.896]	[1.896，3.468]	[3.468，5.04]	[5.04，7.26]

在通用硅酸盐水泥生产过程中，NO_x和SO_2排放量的相关标准如表5.7所示，基于此，单位水泥NO_x和SO_2排放量评价标准如表5.8和表5.9所示。

表5.7　NO_x和SO_2排放量限值标准

相关标准	NO_x（kg/t）	SO_2（kg/t）
GB4916—1996	1.5	1.05
	3.0	2.1
GB4915—2004	2.4	0.6
	2.4	1.2

表5.8　单位水泥NO_x排放量评价标准（kg/t）

标准等级	一等级	二等级	三等级	四等级	五等级
标准值	[0，1.5]	[1.5，2]	[2，2.5]	[2.5，3]	[3，4]

表5.9　单位水泥SO_2排放量评价标准（kg/t）

标准等级	一等级	二等级	三等级	四等级	五等级
标准值	[0，0.6]	[0.6，1.1]	[1.1，1.6]	[1.6，2.1]	[2.1，2.7]

水泥工业CO_2的产生途径主要是烧制水泥生料时$CaCO_3$的分解和燃

烧燃料。目前，由于水泥行业没有CO_2排放量限值标准，故依据评价标准制定原则之二，在没有相关标准可依据的情况下，通过计算各类硅酸盐水泥CO_2排放量，统计水泥CO_2排放量的上下限值。据资料统计，生产1吨水泥熟料大约需要消耗原材料1.5368吨。CO_2排放量属于成本型指标，将生产1吨水泥CO_2排放量的上下限值作为评价空间划分评价标准等级如表5.10所示。

表5.10 单位水泥CO_2排放量评价标准（kg/t）

标准等级	一等级	二等级	三等级	四等级	五等级
标准值	[0，349.28]	[349.28，491.79]	[491.79，634.30]	[634.30，776.80]	[776.80，998.6]

我国水泥工业按工艺规模不同，可划分为大型新型干法（熟料>4 000t/d）、中型新型干法（熟料2 000t/d~4 000t/d）、小型新型干法（熟料<2 000t/d）和立窑（熟料<2 000t/d）生产线。2010年的统计资料显示，新型干法工艺比例达81%，其中大型新型干法生产线比重达56.9%，立窑生产线比重为19%[140, 141]。表5.11是基于姜睿[142]的不同水泥生产工艺规模的粉尘排放量研究。本书将<PM2.5，PM2.5~PM 10，>PM10排放量总和作为粉尘排放量。

表5.11 水泥工艺规模与粉尘排放量对应表（kg/t）

工艺规模	大型新型干法	中型新型干法	小型新型干法	立窑
粉尘排放量	0.2675	0.2732	0.5044	1.0691
CO_2	573.40	587.87	609.01	619.01
SO_2	0.25	0.28	0.31	0.29
综合能源消耗（kgce）	93.27	99.81	109.76	114.37

（2）废液

在通用硅酸盐水泥生产过程中，根据《污水综合排放标准》（GB8978—1996）中[145]对污染物最高允许排放浓度（mg/L）做出的规定，再根据硅酸盐水泥废液评价标准等级计算公式，水泥生产废液排放评价标准如表5.12所示。

表5.12　单位水泥废液排放评价标准（mg/L）

标准等级	一等级	二等级	三等级	四等级	五等级
悬浮物（SS）	[0，70]	[70，180]	[180，290]	[290，400]	[400，526]
化学需氧量（COD）	[0，100]	[100，233.33]	[233.33，366.67]	[366.67，500]	[500，678.86]
石油类	[0，5]	[5，13.33]	[13.33，21.67]	[21.67，30]	[30，39.82]

（3）固废

由于水泥生产工艺和本身的特点，生产过程中产生的扬尘等固体废弃物均可以作为原料进行回收，因此理想情况是整个过程中不产生固体废弃物，在此不考虑生产燃料产生的固体废物。由于生产条件、工艺和规模的不同，相关文献数据统计[146]单位水泥生产固体废弃物产量可达4%。硅酸盐水泥固体废弃物评价标准如表5.13所示。

表5.13　单位水泥生产固体废弃物排放评价标准（kg/t）

标准等级	一等级	二等级	三等级	四等级	五等级
标准值	[0，10]	[10，20]	[20，30]	[30，40]	[40，60]

5.3.3　水泥生态评价指标标准

建筑材料及其制品的生态性主要指其环境效益。提高建筑材料及其环境效益有多种途径，如在生产过程中提高固体废弃物的利用率和原材料的本地化率，提高产品回收利用率等。因此，“生态”指标可通过建筑材料的“环境效益”来评价，建筑材料的“环境效益”又可以通过“回收率”“本地化率”“利废率”等来进行评价。基于水泥全生命周期评价理论，考察硅酸盐水泥生产过程中粉尘的回收率，根据中国建筑材料科学研究院编制的《绿色建材与建材绿色化》中对水泥绿色度评价中回收率必须达到90%以上[15]，本书选择通用硅酸盐水泥回收率50%作为回收率的下限，制定硅酸盐水泥的回收率评价标准如表5.14所示。

表5.14　单位水泥生产回收率评价标准（%）

标准等级	一等级	二等级	三等级	四等级	五等级
回收率	[90，100]	[76.67，90]	[63.33，76.67]	[50，63.33]	[0，50]

“本地化率”旨在鼓励使用地方材料，减少材料在运输过程中的资源和能源的消耗。参考《绿色建材与建材绿色化》中的计算方法，假设原材料到生产现场的距离在500千米以内，因此本书中评价标准的评价域为［0%，100%］，将该评价区域5等分得到水泥本地化率的评价标准如表5.15所示。

表5.15　水泥本地化率评价标准（%）

标准等级	一等级	二等级	三等级	四等级	五等级
标准值	[80，100]	[60，80]	[40，60]	[20，40]	[0，20]

提高建筑材料及其制品的利废率可以降低固体废弃物对生态环境造成的负面影响，同时还可以节省资源和能源的输入，提高建筑材料及其制品的环境效率。通用硅酸盐水泥在生产过程中要根据不同品种和不同强度等级掺入矿渣、粉煤灰、火山灰等废弃物作为混合材料。根据《通用硅酸盐水泥》（GB175—2007）[146]中的规定，固体废弃物的掺量在0~70%之间。鉴于此，制定通用硅酸盐水泥固体废弃物利用率评价标准如5.16所示。

表5.16　单位水泥固体废弃物利用率评价标准（%）

标准等级	一等级	二等级	三等级	四等级	五等级
废弃物利用率	[70，100]	[52.5，70]	[35，52.5]	[17.5，35]	[0，17.5]

5.3.4　水泥经济评价指标标准

建筑材料及其制品的经济性主要通过生产成本来衡量，包括原材料成本、能源燃料成本，本书研究中暂不考虑设备的折旧成本和人工管理成本等。通过单位硅酸盐水泥资源消耗总量、能源消耗总量和相应的资源、能源价格计算硅酸盐水泥的原料成本和燃料成本。在生产过程中，一般可以通过提高材料的利废率、回收率和本地化率来降低生产成本。

（1）原料成本

根据原材料成本计算方法以及单位硅酸盐水泥资源消耗总量，计算得到通用硅酸盐水泥的原材料成本，其中，石灰石按全国市场价格计算，本研究中取17.5元/吨，计算确定通用硅酸盐水泥单位原料成本评价标准如表5.17所示。

表5.17　单位通用硅酸盐水泥原料成本评价标准（元/吨）

标准等级	一等级	二等级	三等级	四等级	五等级
C_R（元/吨）	[0，23.98]	[23.98，44.22]	[44.22，64.46]	[64.46，84.70]	[84.70，114.62]

（2）燃料成本

硅酸盐水泥的燃料成本可根据不同水泥生产线及其相应单位产品综合能耗限额值（限入值、准入值和先进值）计算得到单位水泥燃料成本。本书中，燃料成本的计算采用水泥生产综合能耗折算成煤耗值（标煤平均低位发热量为29.3MJ/kg，原煤平均低位发热量为20.908 MJ/kg），1kg原煤=1kg标煤×1.4014，动力煤炭价格取值为700元/吨，计算得到单位水泥产品燃料成本评价标准如表5.18所示。

表5.18　单位水泥产品燃料成本评价标准（元/吨）

标准等级	一等级	二等级	三等级	四等级	五等级
C_E	[0，91.23]	[91.23，99.41]	[99.41，107.58]	[107.58，115.76]	[115.76，138.67]

5.3.5　水泥健康评价指标标准

建筑材料的绿色性重要评价指标就是建筑材料的健康性。建筑材料与人类健康密切相关的是居住室内环境质量。影响室内环境质量的主要因素是材料的放射性和室内环境污染。

（1）放射性

通用硅酸盐水泥在生产过程中掺入炉渣、矿渣和粉煤灰等工业废渣来获得不同用途、不同种类、不同强度等级的硅酸盐水泥产品。由于工业废渣中含有大量的放射性物质，所以将硅酸盐水泥制品作为建筑的主体材料时，放射性必须满足国家标准《建筑材料放射性核素限量》（GB6566—2001）中的要求，放射性指标评价标准如表5.19所示。

表5.19 放射性指标评价标准

标准等级	一等级	二等级	三等级	四等级	五等级
标准值	[1，1.8]	[1.8，2.6]	[2.6，3.4]	[3.4，4.2]	[4.2，5]

（2）室内环境污染

影响室内空气质量的污染物主要有游离甲醛、氡、氡、苯、氨和TVOC。根据国家标准《民用建筑工程室内环境污染控制规范》（GB50325—2001）[147]对污染物的浓度的具体要求，室内环境污染氡、游离甲醛、苯、氨、TVOC指标采用定性评价，定性指标评价标准如表5.20所示。

表5.20 室内环境污染定性指标评价标准

室内环境污染	若达到Ⅰ类民用建筑污染物浓度限量标准	若达到Ⅱ类民用建筑污染物浓度限量标准	若没有达到标准要求
指标值	1	2.5	5

5.3.6 水泥舒适度评价指标标准

建筑材料的舒适性通过建筑材料所营造人居环境的舒适感和安全感体现。舒适感体现在材料的多功能性上，如人们对室内环境温度、湿度以及声环境的要求，即材料的功能性指有利于提高产品舒适度的功能属性。室内温度、湿度及声环境可以通过材料保温性、吸湿性和隔声性来衡量。坚固稳定的材料所营造的环境能使人们感受到安全感，即材料的坚固性指满足人体安全感的需求。材料的坚固性体现在强度和耐久性两个方面。因此，在建筑材料舒适性评价过程中，“舒适”通过“功能性”和“坚固性”来评价，而建筑材料的“功能性”和“坚固性”可通过“保温性”、“吸湿性”、“隔声性”、“强度性”和“耐久性”来进行评价。

（1）保温性

根据我国保温材料的定义，墙体材料的传热系数范围在0.1~0.23之间。因此，本书将评价空间的上限确定为S_{max}=1.0，下限确定为S_{min}=0.23。传热系数属于成本性指标，传热系数越小，该材料越不容易导热，代表材料的保温性能越好。建筑材料保温性评价指标值如表5.21所示。

表5.21　　建筑材料保温性评价指标值

保温性	具有特殊的保温功能（或导热系数不大于0.23 W/mk）	具有一定的保温功能（或导热系数在0.23 W/mk ~1.0 W/mk之间）	材料不具备保温功能（或导热系数大于1.0 W/mk）
指标值	1	2.5	5

（2）吸湿性

材料的平衡含水率与调节湿度具有直接的相关性。对于材料吸湿性能的评价，目前我国只颁布建筑材料吸湿性能的测试方法《建筑材料及制品的湿热性能　吸湿性能的测定》（GB/T20312—2006）[148]，未对材料的含水率制定明确的评价标准。本书基于《锯材干燥质量》（GB/T 6491—2012）[149]中对平均最终含水率等级的规定，确定含水率的评价空间为6%~20%，吸湿性评价指标值如表5.22所示。

表5.22　　建筑材料吸湿性评价指标值

吸湿性	具有特殊的吸湿功能（或平衡含水率不小于20%）	具有一定的吸湿功能（或平衡含水率在6%~20%之间）	材料不具备吸湿功能（或平衡含水率小于6%）
指标值	1	2.5	5

（3）隔声性

隔声性指标采用定性评价，隔声量越大代表材料的隔声效果越好。硅酸盐水泥的隔声性能评价，考虑的是水泥制品用作墙体材料时提高人体舒适的功能性，依据《民用建筑隔声设计规范》[150]的内外墙隔声标准及隔声量与主观感觉的关系，建筑材料隔声性评价指标值如

表5.23所示。

表5.23 建筑材料隔声性评价指标值

隔声性	具有特殊的隔声功能（或隔声量不小于55dB）	具有一定的隔声功能（或隔声量在30dB~55dB之间）	材料不具备隔声功能（或隔声量小于30dB）
指标值	1	2.5	5

（4）强度性

水泥材料的强度性指标采用定性评价，根据水泥胶砂试件28d的抗压强度来评价水泥的坚固性。根据《通用硅酸盐水泥》GB175—2007中规定的强度等级要求，建筑材料强度性指标值如表5.24所示。

表5.24 建筑材料强度性指标值

强度性	超出设计强度等级要求	达到设计强度等级要求	没有达到设计强度等级要求
指标值	1	2.5	5

（5）耐久性

材料的耐久性指标采用定性评价，硅酸盐水泥材料的耐久性评价参考混凝土耐久性评价标准。通常混凝土的耐久性根据使用环境不同分为抗渗性、抗冻性、抗硫酸盐侵蚀性、抗氯离子渗透性和碳化深度值来评价。本书根据建筑材料的耐久性设计要求或《混凝土耐久性检验评定标准》（JCJ/T 193—2009）[151]中规定的抗碳化指标来评价耐久性。若是采用碳化深度评价水泥的耐久性，硅酸盐水泥的抗碳化性能不低于T-Ⅱ等级（碳化深度d<30mm）。建筑材料耐久性指标值如表5.25所示。

表5.25 建筑材料耐久性指标值

耐久性	满足特殊耐久性要求（或耐久性超出标准的最高要求）	满足一般民用建筑的耐久性要求（或耐久性符合标准要求）	未满足耐久性标准要求
指标值	1	2.5	5

5.4 水泥材料绿色度物元评价经典域

建筑材料绿色度物元分析评价模型，以定量化的数值表示评价结果，较完整地反映了我国水泥行业的绿色度，体现了物元分析法的系统性、合理性及普遍适用性。基于物元分析评价建筑材料的绿色度，在建筑材料全生命周期视角下，利用可拓学中的多元数据量化决策物元分析方法，将建筑材料绿色度评价中多参数因子的目标评价归结为单目标决策，在客观全面地反映建筑材料绿色度现状的基础上，以定量的数值来表示评定结果等级，其结果能比较完整地反映建筑材料绿色度的综合水平。在以上建筑材料绿色度物元分析和计算的基础上，硅酸盐水泥材料绿色度评价物元模型的经典域如表5.26所示。水泥评价过程中数据收集难度较大，许多数据缺乏相关的统计资料，需要进行相应的分析计算。水泥生产过程中对环境的主要危害是废气的排放，其主要有害成分为CO、CO_2、SO_2、NO_x、粉尘等。水泥生产过程中废水排放量很少，其主要有害成分为悬浮物和油污。本研究依据水泥材料绿色度的可拓性，将水泥材料的绿色度评价标准分为五个等级，定性描述为第一等级→第二等级→第三等级→第四等级→第五等级。

表5.26　　硅酸盐水泥材料绿色度评价经典域

评价指标	第一等级	第二等级	第三等级	第四等级	第五等级
单位资源消耗评价标准（标准值S_R）	[0，1.37]	[1.37，2.53]	[2.53，3.68]	[3.68，4.84]	[4.84，6.21]
单位综合能源消耗评价标准（kgce/t）	[0，93]	[93，101.33]	[101.33，109.67]	[109.67，118]	[118，136]
单位水泥粉尘排放量评价标准（kg/t）	[0，0.324]	[0.324，1.896]	[1.896，3.468]	[3.468，5.04]	[5.04，7.126]

续表

评价指标	第一等级	第二等级	第三等级	第四等级	第五等级
单位水泥 SO_2 排放量评价标准（kg/t）	[0，0.6]	[0.6，1.1]	[1.1，1.6]	[1.6，2.1]	[2.1，2.7]
单位水泥 NO_x 排放评价标准（kg/t）	[0，1.5]	[1.5，2]	[2，2.5]	[2.5，3]	[3，4]
单位水泥 CO_2 排放量评价标准（kg/t）	[0，349.28]	[349.28，491.79]	[491.79，634.30]	[634.30，776.80]	[776.80，998.60]
单位水泥废液（悬浮物）排放评价标准（mg/L）	[0，70]	[70，180]	[180，290]	[290，400]	[400，526]
单位水泥废液（化学需氧量）排放评价标准（mg/L）	[0，100]	[100，233.33]	[233.33，366.67]	[366.67，500]	[500，678.86]
单位水泥废液（石油类）排放评价标准（mg/L）	[0，5]	[5，13.33]	[13.33，21.67]	[21.67，30]	[30，39.82]
单位水泥固体废弃物排放评价标准（kg/t）	[0，10]	[10，20]	[20，30]	[30，40]	[40，60]
单位水泥生产回收率评价标准（%）	[90，100]	[76.67，90]	[63.33，76.67]	[50，63.33]	[0，50]
单位水泥固体废弃物利用率评价标准（%）	[70，100]	[52.7，70]	[35，52.7]	[17.5，35]	[0，17.5]

续表

评价指标	第一等级	第二等级	第三等级	第四等级	第五等级
水泥本地化率评价标准（%）	[80，100]	[60，80]	[40，60]	[20，40]	[0，20]
单位通用硅酸盐水泥原料成本评价标准（元/吨）	[0，23.98]	[23.98，44.22]	[44.22，64.46]	[64.46，84.70]	[84.70，114.62]
单位水泥产品燃料成本评价标准（元/吨）	[0，91.23]	[91.23，99.41]	[99.41，107.58]	[107.58，115.76]	[115.76，138.67]
定性指标评价标准	[1，1.8]	[1.8，2.6]	[2.6，3.4]	[3.4，4.2]	[4.2，5]

5.5 实证研究

5.5.1 企业概况

大连某水泥生产企业成立于1989年，占地面积50万平方米，总投资1.88亿美元，公司有从业人员376人。公司拥有一条4 000t/d规模的现代干法生产线（RSP窑外分解设备），有自己独立开采的露天石灰石矿山（年生产石灰石能力为200万吨）和厂内铁路专用线及散装水泥专用线输出码头，年生产水泥190万吨。公司已获得ISO14001：2004环境管理体系认证证书。该公司的生产工艺采用RSP五级窑外分解技术，主要采用德国、法国、日本及部分国内先进的生产设备。水泥生产线由立式原料磨、5级RSP（窑外预分解塔）、回转窑和配有辊压机的大型球磨机等主要设备组成，同时设有石膏破碎、石灰石粉碎及输送添加设备。该厂的石灰石矿物成分主要由方解石组成，总储存量为15 000万吨。石灰石的开采全部采用大型矿山机械自动化程度较高的生产工艺流程，生产效率较高。采用汽车运输，矿区到生产场地距离为2千米。水泥生料主要由石灰石、页岩、硅石、铁原料组成，生料烧成后再添入石膏及矿渣、粉煤灰、火山灰等混合材料。公司大气污染物主要有粉尘、SO_2、NO_x等。有组织排放源58个分布在矿山开采区、水泥生产作业区、水泥成品包装区与装运作业区。收尘器种类有两种：一种是用来收取粉碎系统中的微粉，收集的微粉经过输送设备进入储存设备作为生产物料。该类收尘装置主要作为物料回收设备，并同时保证粉尘排放达到国家排放标准。另一种是物料输送及储存设施的收尘装置。公司用水污染产生的废液的排放主要分为生产用水和生活用水两大部分。其中生产用水量占用水总量的90%，主要消耗在循环冷却系统的补给方面，公司平均用水量为1 100t/d，废水经过净化处理后排出，符合国家污水排放标准。在生产固体废弃物排放方面，固体废弃物主要有生产垃圾和生活垃圾两类，生产垃圾能回收的回收再利用，对生活垃圾进行分类，进行回窑焚烧处理。在废弃物综合利用方面，公司早在1992年就已经开始进行生产和生活垃圾的处理，利用发电厂的粉煤灰替代黏土。截止到2008年，公司废弃物利用主要集中在粉煤灰、除锈冶炼废渣、建筑废排土、磷石膏、脱硫石膏、硅石尾矿等化工废弃物方面，年废弃物利用总量达26万吨。

5.5.2 水泥绿色度指标实测值

水泥材料环境协调性评价指标体系的建立应遵循科学性与实践性相结合的原则，具有目的性、代表性、全面性、简明性和可操作性。考虑环境协调性材料的内涵，结合我国目前实际情况，从节能、环保、健康、舒适、生态和经济六个方面构建水泥材料环境协调性评价指标体系，利用群体AHP主观赋权法确定指标权重。邀请24位建筑材料领域专家参与构造评价指标判断矩阵群，根据判断矩阵构造方法和评价指标层次结构，判断比较某一准则（所进行比较指标的上一级指标）下两两指标的重要性，将24位决策者分为6组，每4人一组，结果汇总如表5.27所示。

决策者分组如表5.28所示。

表 5.27 **决策者评分结果汇总**

序号	E1/E2	E1/E3	E1/E4	E1/E5	E1/E6	E2/E3	E2/E4	E2/E5	E2/E6	E3/E4	E3/E5	E3/E6	E4/E5	E4/E6	E5/E6
1	2/3	2	1	2	2	3	3/2	3	3	1/2	1	1	2	2	1
2	2/3	2	4/3	1	4	3	2	3/2	6	2/3	1/2	1/3	3/4	3	4
3	3/4	3/5	3/2	3	3/5	4/5	2	4	4/5	5/2	5	1	2	2/5	1/5
4	1	1	1	1	2	1	1	1	2	1	1	2	1	2	2
5	1	1	1	2	2	1	1	2	2	1	2	2	2	2	1
6	3	3	1	3	3	1	1/3	1	1	1/3	1	1	3	3	1
7	1	1	1	2	2	1	1	2	2	1	2	2	2	2	1
8	4/5	2	4/3	1	2	5/2	4/3	5/4	5/2	2/3	1/2	1	3/4	3/2	2
9	3/4	3/4	3/4	1	3/2	1	1	4/3	2	1	4/3	2	4/3	2	3/2
10	1	2	2	1	1	2	1	1	2	1/2	1/2	1	1	2	2
11	1	2	1	1	2	2	1	1	2	1/2	1/2	1	1	2	2
12	1	4/3	4/3	4/3	4/3	4/3	4/3	4/3	4/3	1	1	1	1	1	1
13	1	1	2	2	1	1	2	2	1	2	2	1	1	1/2	1/2
14	3/5	3/2	1	1	3/4	5/2	5/3	5/3	5/4	2/3	2/3	1/2	1	3/4	3/4
15	1/2	1/2	1/2	1/2	1	1	1	1	2	1	1	2	1	2	2
16	1	2	1	2	1	2	1	2	1	1/2	1	1/2	2	1	1/2
17	4/3	4/3	1	1	2	1	3/4	3/4	3/2	3/4	3/4	3/2	1	2	2
18	4/3	1	1	2	4/3	3/4	3/4	3/2	1	1	2	4/3	2	4/3	2/3
19	1	1	1	2	2	1	1	2	2	1	2	2	2	2	1
20	4/5	4/3	1	2	2	5/3	5/4	5/2	5/2	3/4	3/2	3/2	2	2	1
21	1	2	1	1	2	2	1	1	2	1/2	1/2	1	1	2	2
22	2/3	2	1	2	2	3	3/2	3	3	1/2	1	1	2	2	1
23	2	1	2	2	2/3	1/2	1	1	1/3	2	2	2/3	1	1/3	1/3
24	2	2	1	2	2/3	1	1/2	1	1/3	1/2	1	1/3	2	2/3	1/3

续表

序号	B3/B4	B5/B6	B5/B7	B6/B7	D1/D2	D3/D4	D5/D6	D7/D8	D7/D9	D8/D9	D10/D11	D10/D12	D10/D13
1	2/3	4/3	4/3	1	4/3	1	1	1	1	1	1	1	2
2	2/3	4/3	4/3	1	4/3	1	4/3	1	1	1	1	1	2
3	3/7	1	3/4	3/4	1	5/4	2/3	1	1	1	1	5/2	5/4
4	2/3	4/3	4/3	1	1	1	1	1	2/3	2/3	1	3/4	1
5	7/3	1/2	1	2	4/3	1	1	2/3	2/3	1	1	1	2/5
6	1	3/4	1	4/3	2/3	1	4/3	1	1	1	1	2	1
7	2/3	3/4	1	4/3	1	1	1	2	2	1	2	1	1
8	1	1	2	2	1	1	1	1	1	1	4/5	2	2
9	3/2	5/3	5/2	3/2	4/3	1/2	5/2	1	1	1	1	1	1
10	1	1	2	2	1	1/2	2	3/2	3/2	1	1	1	1
11	1	1	1	1	1	1	2	3/2	3/2	1	1	1	1
12	2/3	2/5	2/3	5/3	2/5	1	1	1	2/3	2/3	1	1/2	1/2
13	1	5/3	5/2	3/2	1	1	1	2	2	1	1	1	2
14	3/2	2/5	2/3	5/3	2/3	1	2	3/2	3/2	1	4/3	4/3	4/3
15	1	1	2	2	5/2	5/4	1	1	2	2	1	5/2	5/2
16	1	3/4	1	4/3	4/3	1/2	1	1	1/2	1/2	4/5	4	1
17	1	4/3	4/3	1	1	1	2	1	1	1	1	1	1
18	3/2	4/3	4/3	1	3/4	1	2	1	2/3	2/3	1	1	3/4
19	3/2	3/4	1	4/3	1	1	1	2	2	1	2	2	1
20	3/2	5/3	5/2	3/2	1	1/2	2	3/2	3/2	1	2	1	2
21	1/4	2	6	3	4/3	1	2	1	2	2	3	3/2	3
22	3/2	3/5	3/2	5/2	2/3	1	1	1	2/3	2/3	1	1	3/4
23	3/2	2	1	1/2	4/3	1/2	3/2	1	1	1	1	3/4	1
24	1	5/3	5/2	3/2	1	1	2	1	1	1	1	1/3	1

续表

序号	D11/D12	D11/D13	D12/D13	D14/D15	D14/D16	D15/D16	D18/D19	D18/D20	D19/D20	D21/D22
1	1	2	2	1/2	1	2	4/3	4/3	1	2/3
2	1	2	2	1/2	1	2	4/3	4/3	1	2/3
3	5/2	5/4	1/2	2	2	1	1	2	2	7/3
4	3/4	1	4/3	1	1	1	3/4	1	4/3	1
5	1	2/5	2/5	1	1	1	3/4	1	4/3	1
6	2	1	1/2	2	1	2	3/5	3/2	5/2	1
7	1/2	1/2	1	1	2	2	3/4	1	4/3	2/3
8	5/2	5/2	1	1/2	1	2	5/2	5/3	2/3	2/3
9	1	1	1	2	2	1	1	2	2	1
10	1	1	1	1	1	1	1	2	2	1
11	1	1	1	1	1	1	1	1	1	1
12	1/2	1/2	1	1	1	1	1	2	2	1
13	1	2	2	1/2	1	2	3/5	3/2	5/2	1
14	1	1	1	1	1	1	1	1	1	2/3
15	5/2	5/2	1	1/2	1/2	1	2	1	1/2	1
16	5	5/4	1/4	1	2	2	1	2	2	1
17	1	1	1	1	1	1	1	2	2	1
18	1	3/4	3/4	1	1	1	3/4	1	4/3	2/3
19	1	1/2	1/2	1	1	1	4/3	4/3	1	1
20	1/2	1	2	1/2	1/2	1	3/4	1	4/3	3/2
21	1/2	1	2	1	1/2	1/2	3/4	1	4/3	7/3
22	1	3/4	3/4	1	1	1	1	2	2	1
23	3/4	1	4/3	1	1	1	1	1/2	1/2	3/2
24	1/3	1	3	1	1	1	1	2	2	3/2

表 5.28 决策者分组

组别	A	B	C	D	E	F
决策者编号	1~4	5~8	9~12	13~16	17~20	21~24

判断矩阵的特点是主对角线元素为1并且以主对角线为对称轴上下互为倒数。为了方便区分比较，令 A_k^I 为决策者 d_k 在评价指标（准则层）I下构造的判断矩阵。以A组的四位决策者 d_1，d_2，d_3，d_4 在建筑材料绿色度总目标综合评价准则层下对六个一级指标两两比较判断为例，其构造的判断矩阵如下所示：

$$G^1=\begin{pmatrix}1 & 2/3 & 2 & 1 & 2 & 2\\ 3/2 & 1 & 3 & 3/2 & 3 & 3\\ 1/2 & 1/3 & 1 & 1/2 & 1 & 1\\ 1 & 2/3 & 2 & 1 & 2 & 2\\ 1/2 & 1/3 & 1 & 1/2 & 1 & 1\\ 1/2 & 1/3 & 1 & 1/2 & 1 & 1\end{pmatrix}\quad G^2=\begin{pmatrix}1 & 2/3 & 2 & 4/3 & 1 & 4\\ 3/2 & 1 & 3 & 2 & 3/2 & 6\\ 1/2 & 1/3 & 1 & 2/3 & 1/2 & 1/3\\ 3/4 & 1/2 & 3/2 & 1 & 3/4 & 3\\ 1 & 2/3 & 2 & 4/3 & 1 & 4\\ 1/4 & 1/6 & 3 & 1/3 & 1/4 & 1\end{pmatrix}$$

$$G^3=\begin{pmatrix}1 & 3/4 & 3/5 & 3/2 & 3 & 3/5\\ 4/3 & 1 & 4/5 & 2 & 4 & 4/5\\ 5/3 & 5/4 & 1 & 5/2 & 5 & 1\\ 2/3 & 1/2 & 2/5 & 1 & 2 & 2/5\\ 1/3 & 1/4 & 1/5 & 1/2 & 1 & 1/5\\ 5/3 & 5/4 & 1 & 5/2 & 5 & 1\end{pmatrix}\quad G^4=\begin{pmatrix}1 & 1 & 1 & 1 & 1 & 2\\ 1 & 1 & 1 & 1 & 1 & 2\\ 1 & 1 & 1 & 1 & 1 & 2\\ 1 & 1 & 1 & 1 & 1 & 2\\ 1 & 1 & 1 & 1 & 1 & 2\\ 1/2 & 1/2 & 1/2 & 1/2 & 1/2 & 1\end{pmatrix}$$

经计算各个专家给出的互反判断矩阵的一致性比率值均符合要求（C.R.<0.1）。

在建筑材料绿色度总目标综合评价准则下根据四位决策者构造的判断矩阵 G^1，G^2，G^3，G^4 计算群体判断矩阵 A^0 和群体完全一致性矩阵 A^* 如下所示，计算群体判断一致性指标 QR^0 和群体一致性阈值 QR^* 如表5.29所示。

$$A^0=\begin{pmatrix}1.0000 & 0.7598 & 1.2447 & 1.1892 & 1.5651 & 1.7602\\ 1.3161 & 1.0000 & 1.6381 & 1.5651 & 2.0598 & 2.3166\\ 0.8034 & 0.6105 & 1.0000 & 0.9554 & 1.2574 & 0.9036\\ 0.8409 & 0.9036 & 1.0466 & 1.0000 & 1.3161 & 1.4802\\ 0.6389 & 0.4855 & 0.7953 & 0.7598 & 1.0000 & 1.1247\\ 0.5681 & 0.4317 & 1.1067 & 0.6756 & 0.8891 & 1.0000\end{pmatrix}$$

$$A^*=\begin{pmatrix}1.0000 & 0.7412 & 1.2101 & 1.1656 & 1.3840 & 1.4259\\ 1.3492 & 1.0000 & 1.6327 & 1.5726 & 1.8673 & 1.9239\\ 0.8264 & 0.6125 & 1.0000 & 0.9632 & 1.1437 & 1.1783\\ 0.8579 & 0.6359 & 1.0382 & 1.0000 & 1.1874 & 1.2233\\ 0.7225 & 0.5355 & 0.8744 & 0.8422 & 1.0000 & 1.0303\\ 0.7013 & 0.5198 & 0.8487 & 0.8174 & 0.9706 & 1.0000\end{pmatrix}$$

$$R^0=\begin{pmatrix}0.6464 & 0.7341 & 0.6544 & 0.5916\\0.6588 & 0.7322 & 0.6555 & 0.5872\\0.5642 & 0.5721 & 0.7103 & 0.7099\\0.6529 & 0.7119 & 0.6302 & 0.6119\\0.5293 & 0.7133 & 0.6125 & 0.6113\\0.5436 & 0.6991 & 0.6968 & 0.6729\end{pmatrix}$$

$$R^*=\begin{pmatrix}0.6129 & 0.8030 & 0.7053 & 0.5925\\0.5674 & 0.7942 & 0.7055 & 0.6000\\0.5640 & 0.5119 & 0.6349 & 0.6879\\0.6332 & 0.7937 & 0.6840 & 0.7093\\0.6088 & 0.7663 & 0.5897 & 0.6648\\0.5983 & 0.7392 & 0.6389 & 0.6492\end{pmatrix}$$

表5.29 **专家关于指标E_1~E_6一致性指标值**

一致性＼决策专家	d_1	d_2	d_3	d_4
R_i^*	0.5974	0.7347	0.6597	0.6506
R_i^0	0.5992	0.6938	0.6600	0.6308
QR^*	0.66			
QR^0	0.65			

由以上计算分析可知，$QR^0<QR^*$，在准则O下，A组四位决策者对E_1，E_2，E_3，E_4，E_5，E_6一级指标构造的判断矩阵不满足群一致性的要求。$R_1^0<0.66$，$R_4^0<0.66$，决策者d_1和d_4的判断值需要调整。$\min_i r_{i1}=r_{51}$，$\min_i r_{i4}=r_{24}$，R_1^0和R_4^0的一致性指标最小的灰色关联度指标为r_{51}，r_{24}。$\min_j r_{51}(j)=r_{51}(4)$，$\min_j r_{24}(j)=r_{24}(5)$，由上述信息可知，决策者判断矩阵$G^1$中$x_{54}^1$和判断矩阵$G^4$中$x_{25}^4$判断值需要调整，调整为$x_{54}^1=7/8$，$x_{45}^1=8/7$，$x_{25}^4=8/3$，$x_{52}^4=3/8$。调整后的决策者判断矩阵$G^{1\prime}$和$G^{4\prime}$如下所示：

$$G^{1\prime}=\begin{pmatrix}1 & 2/3 & 2 & 1 & 2 & 2\\3/2 & 1 & 3 & 3/2 & 3 & 3\\1/2 & 1/3 & 1 & 1/2 & 1 & 1\\1 & 2/3 & 2 & 1 & 8/7 & 2\\1/2 & 1/3 & 1 & 7/8 & 1 & 1\\1/2 & 1/3 & 1 & 1/2 & 1 & 1\end{pmatrix}\quad G^{4\prime}=\begin{pmatrix}1 & 1 & 1 & 1 & 1 & 2\\1 & 1 & 1 & 1 & 8/3 & 2\\1 & 1 & 1 & 1 & 1 & 2\\1 & 1 & 1 & 1 & 1 & 2\\1 & 3/8 & 1 & 1 & 1 & 2\\1/2 & 1/2 & 1/2 & 1/2 & 1/2 & 1\end{pmatrix}$$

返回判断步骤一，重新判断计算$A^{0\prime}$，$A^{*\prime}$，结果如下：

$$A^{0\prime}=\begin{pmatrix} 1.000 & 0.7598 & 1.2447 & 1.1892 & 1.5651 & 1.7602 \\ 1.3161 & 1.000 & 1.6381 & 1.5651 & 2.6208 & 2.3166 \\ 0.8034 & 0.6105 & 1.000 & 0.9554 & 1.2574 & 0.9036 \\ 0.8409 & 0.6389 & 1.0466 & 1.000 & 1.1447 & 1.4802 \\ 0.6389 & 0.3816 & 0.7953 & 0.8736 & 1.000 & 1.1247 \\ 0.5681 & 0.4317 & 1.1067 & 0.6756 & 0.8891 & 1.000 \end{pmatrix}$$

$$A^{*\prime}=\begin{pmatrix} 1.0000 & 0.7197 & 1.2101 & 1.1993 & 1.4254 & 1.4259 \\ 1.3894 & 1.0000 & 1.6814 & 1.6664 & 1.9805 & 1.9812 \\ 0.8264 & 0.5947 & 1.0000 & 0.9911 & 1.1779 & 1.1783 \\ 0.8338 & 0.6001 & 1.0090 & 1.0000 & 1.1885 & 1.1889 \\ 0.7015 & 0.5049 & 0.8490 & 0.8414 & 1.0000 & 1.0003 \\ 0.7013 & 0.5047 & 0.8487 & 0.8411 & 0.9997 & 1.0000 \end{pmatrix}$$

经过一次调整的群体一致性指标值$QR^{0\prime}=0.66$，$QR^{*\prime}=0.67$，$QR^{0\prime}<QR^{*\prime}$，仍然不满足群一致性要求，需要继续调整，如表5.30所示。按照上述判断矩阵群不一致性调整方法，$x_{64}^{1}=5/9$，$x_{46}^{1}=9/5$，$x_{56}^{3}=1/5$，$x_{65}^{3}=5$，$x_{15}^{4}=1$，$x_{51}^{4}=1$。调整后的$G^{1\prime\prime}$，$G^{3\prime\prime}$，$G^{4\prime\prime}$如下所示：

$$G^{1\prime\prime}=\begin{pmatrix} 1 & 2/3 & 2 & 1 & 2 & 2 \\ 3/2 & 1 & 3 & 3/2 & 3 & 3 \\ 1/2 & 1/3 & 1 & 1/2 & 1 & 1 \\ 1 & 2/3 & 2 & 1 & 8/7 & 9/5 \\ 1/2 & 1/3 & 1 & 7/8 & 1 & 1 \\ 1/2 & 1/3 & 1 & 5/9 & 1 & 1 \end{pmatrix} \quad G^{3\prime\prime}=\begin{pmatrix} 1 & 3/4 & 3/5 & 3/2 & 3 & 3/5 \\ 4/3 & 1 & 4/5 & 2 & 4 & 4/5 \\ 5/3 & 5/4 & 1 & 5/2 & 5 & 1 \\ 2/3 & 1/2 & 2/5 & 1 & 2 & 2/5 \\ 1/3 & 1/4 & 1/5 & 1/2 & 1 & 8/9 \\ 5/3 & 5/4 & 1 & 5/2 & 9/8 & 1 \end{pmatrix}$$

$$G^{4\prime\prime}=\begin{pmatrix} 1 & 1 & 1 & 1 & 1/2 & 2 \\ 1 & 1 & 1 & 1 & 8/3 & 2 \\ 1 & 1 & 1 & 1 & 1 & 2 \\ 1 & 1 & 1 & 1 & 1 & 2 \\ 2 & 3/8 & 1 & 1 & 1 & 2 \\ 1/2 & 1/2 & 1/2 & 1/2 & 1/2 & 1 \end{pmatrix}$$

表5.30 **A组决策者关于指标E_1~E_6一致性指标值**

决策专家 / 一致性	d_1	d_2	d_3	d_4
$R_i^{*\prime}$	0.6235	0.7362	0.6622	0.6479
$R_i^{0\prime}$	0.6415	0.6918	0.6549	0.6596
$QR^{*\prime}$	0.67			
$QR^{0\prime}$	0.66			

返回调整步骤一，重新计算$A^{0\prime\prime}$ 和$A^{*\prime\prime}$，结果如下所示：

$$A^{0''}=\begin{pmatrix} 1.0000 & 0.7598 & 1.2447 & 1.1892 & 1.3138 & 1.7602 \\ 1.3161 & 1.0000 & 1.6381 & 1.5651 & 2.6208 & 2.3166 \\ 0.8034 & 0.6105 & 1.0000 & 0.9554 & 1.2574 & 0.9036 \\ 0.8409 & 0.6389 & 1.0466 & 1.0000 & 1.1447 & 1.4395 \\ 0.7611 & 0.3816 & 0.7953 & 0.8736 & 1.0000 & 1.6376 \\ 0.5681 & 0.4317 & 1.1067 & 0.6947 & 0.6106 & 1.0000 \end{pmatrix}$$

$$A^{*''}=\begin{pmatrix} 1.0000 & 0.7014 & 1.1794 & 1.1753 & 1.3064 & 1.5583 \\ 1.4256 & 1.0000 & 1.6814 & 1.6755 & 1.8624 & 2.2216 \\ 0.8479 & 0.5947 & 1.0000 & 0.9965 & 1.1077 & 1.3213 \\ 0.8509 & 0.5968 & 1.0035 & 1.0000 & 1.1116 & 1.3259 \\ 0.7655 & 0.5369 & 0.9028 & 0.8996 & 1.0000 & 1.1928 \\ 0.6417 & 0.4501 & 0.7528 & 0.7542 & 0.8383 & 1.0000 \end{pmatrix}$$

第二次调整后的决策者一致性指标和群体一致性指标值如表5.31所示。

表5.31　　**关于指标 E_1~E_6 一致性指标第二次调整值**

决策专家 一致性	d_1	d_2	d_3	d_4
$R_i^{*''}$	0.6002	0.7512	0.6469	0.6672
$R_i^{0''}$	0.6741	0.6965	0.6398	0.6846
$QR^{*''}$	0.67			
$QR^{0''}$	0.67			

经过两次调整 $QR^{*''}= 0.67$，$QR^{0''}= 0.67$，$QR^{*''}=QR^{0''}$。A组决策者关于指标 E_1~E_6 的判断矩阵群满足群一致性要求。最后决策者的判断矩阵为：

$$G^{1''}=\begin{pmatrix} 1 & 2/3 & 2 & 1 & 2 & 2 \\ 3/2 & 1 & 3 & 3/2 & 3 & 3 \\ 1/2 & 1/3 & 1 & 1/2 & 1 & 1 \\ 1 & 2/3 & 2 & 1 & 8/7 & 9/5 \\ 1/2 & 1/3 & 1 & 7/8 & 1 & 1 \\ 1/2 & 1/3 & 1 & 5/9 & 1 & 1 \end{pmatrix}\quad G^{2}=\begin{pmatrix} 1 & 2/3 & 2 & 4/3 & 1 & 4 \\ 3/2 & 1 & 3 & 2 & 3/2 & 6 \\ 1/2 & 1/3 & 1 & 2/3 & 1/2 & 1/3 \\ 3/4 & 1/2 & 3/2 & 1 & 3/4 & 3 \\ 1 & 2/3 & 2 & 4/3 & 1 & 4 \\ 1/4 & 1/6 & 3 & 1/3 & 1/4 & 1 \end{pmatrix}$$

$$G^{3''}=\begin{pmatrix} 1 & 3/4 & 3/5 & 3/2 & 3 & 3/5 \\ 4/3 & 1 & 4/5 & 2 & 4 & 4/5 \\ 5/3 & 5/4 & 1 & 5/2 & 5 & 1 \\ 2/3 & 1/2 & 2/5 & 1 & 2 & 2/5 \\ 1/3 & 1/4 & 1/5 & 1/2 & 1 & 8/9 \\ 5/3 & 5/4 & 1 & 5/2 & 9/8 & 1 \end{pmatrix}\quad G^{4''}=\begin{pmatrix} 1 & 1 & 1 & 1 & 1/2 & 2 \\ 1 & 1 & 1 & 1 & 8/3 & 2 \\ 1 & 1 & 1 & 1 & 1 & 2 \\ 1 & 1 & 1 & 1 & 1 & 2 \\ 2 & 3/8 & 1 & 1 & 1 & 2 \\ 1/2 & 1/2 & 1/2 & 1/2 & 1/2 & 1 \end{pmatrix}$$

依据上述方法对其他评价指标的群一致性进行检验和调整，具体过程略，最终结果如表5.32所示。

表 5.32 满足群一致性检验的决策者评分结果汇总

序号	E1/E2	E1/E3	E1/E4	E1/E5	E1/E6	E2/E3	E2/E4	E2/E5	E2/E6	E3/E4	E3/E5	E3/E6	E4/E5	E4/E6	E5/E6
1	2/3	2	1	2	2	3	3/2	3	3	1/2	1	1	8/7	9/5	1
2	2/3	2	4/3	1	4	3	2	3/2	6	2/3	1/2	1/3	3/4	3	4
3	3/4	3/5	3/2	3	3/5	4/5	2	4	4/5	5/2	5	1	2	2/5	8/9
4	1	1	1	1/2	2	1	1	8/5	2	1	1	2	1	2	2
5	1	1	1	2	2	1	1	4/3	2	1	1	2	2	2	1
6	3	3	1	3	3	1	1/3	1	1	1/3	1	8/5	3	3	1
7	1	1	1	2	2	1	1	4/3	2	1	1	2	2	2	1
8	4/5	2	4/3	1	2	5/2	4/3	5/4	5/2	2/3	1/2	1	3/4	3/2	1
9	3/4	3/4	3/4	1	3/2	1	1	4/3	2	1	4/3	1	4/3	2	3/2
10	1	2	2	1	1	2	1	1	2	1/2	7/8	1	1	2	2
11	1	2	1	1	2	2	1	1	2	1/2	7/8	1	1	2	2
12	1	4/3	4/3	4/3	4/3	4/3	4/3	4/3	4/3	5/8	1	1	1	1	1
13	1	1	2	2	1	1	6/5	7/8	1	2	2	1	1	1/2	1/2
14	3/5	3/2	1	1	3/4	5/2	5/3	5/3	5/4	2/3	2/3	1/2	1	3/4	3/4
15	1/2	1/2	1/2	8/5	1	1	1	1	1	1	1	2	1	2	2
16	1	2	1	2	1	4/3	1	2	1	1/2	1	1/2	2	1	1/2
17	4/3	4/3	1	1	2	1	3/4	3/4	3/2	3/4	3/4	3/2	1	2	2
18	4/3	1	1	2	4/3	6/5	3/4	3/2	1	1	4/3	4/3	2	4/3	2/3
19	1	1	1	2	2	1	1	2	2	1	4/3	3/2	2	2	1
20	4/5	4/3	1	8/5	2	1	5/4	4/3	5/2	3/4	3/2	3/2	8/5	2	1
21	1	2	1	1	2	2	1	1	2	1/2	1/2	1	1	2	2
22	2/3	2	1	2	2	3	3/2	3	3	1/2	1	1	2	2	1
23	2	1	2	2	2/3	1/2	1	1	1/3	2	2	2/3	1	1/3	1/3
24	2	2	1	2	2/3	1	1/2	1	1/3	1/2	1	1/3	2	2/3	1/3

续表

序号	B3/B4	B5/B6	B5/B7	B6/B7	D1/D2	D3/D4	D5/D6	D7/D8	D7/D9	D8/D9	D10/D11	D10/D12	D10/D13
1	2/3	4/3	4/3	1	4/3	1	1	1	1	1	1	1	2
2	2/3	4/3	4/3	1	4/3	1	4/3	1	1	1	1	1	2
3	3/7	1	3/4	3/4	1	5/4	2/3	1	1	1	1	5/2	5/4
4	2/3	4/3	4/3	1	1	1	1	1	2/3	2/3	1	3/4	1
5	7/3	5/6	1	2	4/3	1	1	5/4	5/4	1	1	1	2/5
6	1	3/4	1	4/3	2/3	1	4/3	1	1	1	1	2	1
7	2/3	3/4	1	4/3	1	1	1	1	1	1	2	1	1
8	1	2/3	2	2	1	1	1	1	1	1	4/5	2	2
9	3/2	5/3	2/3	3/2	4/3	1/2	5/2	1	1	1	1	1	1
10	1	1	5/4	2	1	1/2	2	3/2	3/2	1	1	1	1
11	1	1	1	5/3	1	1	2	3/2	3/2	1	1	1	1
12	2/3	2/5	5/3	5/3	2/5	1	1	1	2/3	2/3	1	1/2	1/2
13	1	5/3	1	3/2	1	1	1	2	2	1	1	1	2
14	3/2	2/5	2/3	5/3	2/3	1	2	3/2	3/2	1	4/3	4/3	4/3
15	1	1	6/5	2	5/2	5/4	1	1	2	2	1	5/2	5/2
16	1	3/4	1	5/3	4/3	1/2	1	1	1/2	1/2	4/5	4	1
17	1	4/3	4/3	1	1	1	2	1	1	1	1	8/5	1
18	3/2	4/3	4/3	1	3/4	1	2	1	2/3	2/3	1	8/5	3/4
19	3/2	3/4	1	4/3	1	1	1	2	2	1	2	2	1
20	3/2	5/3	5/2	3/2	1	1/2	2	3/2	3/2	1	2	1	2
21	1/4	2	6	3	4/3	1	2	1	2	2	3	3/2	3
22	3/2	3/5	3/2	4/3	2/3	1	1	1	2/3	2/3	1	1	3/2
23	3/2	2	1	1/2	4/3	1/2	3/2	1	1	1	1	3/4	1
24	1	5/3	2	3/2	1	1	2	1	1	1	1	1	1

续表

序号	D11/D12	D11/D13	D12/D13	D14/D15	D14/D16	D15/D16	D18/D19	D18/D20	D19/D20	D21/D22
1	1	2	2	1/2	1	5/4	4/3	4/3	7/5	2/3
2	1	2	2	1/2	1	5/4	4/3	4/3	7/5	2/3
3	5/2	5/4	1/2	2	1	1	1	2	2	2/3
4	3/4	1	4/3	4/5	1	1	3/4	1	4/3	1
5	1	2/5	2/5	1	1	1	3/4	1	4/3	1
6	2	1	1/2	2	1	2	3/5	3/2	5/2	1
7	1/2	1/2	1	1	2	2	3/4	1	4/3	2/3
8	5/2	5/2	1	1/2	1	2	5/2	5/3	2/3	2/3
9	1	1	1	2	2	1	1	2	2	1
10	1	1	1	1	1	1	1	2	2	1
11	1	1	1	1	1	1	1	1	1	1
12	1/2	1/2	1	1	1	1	1	2	2	1
13	1	2	2	1	1	2	1	1	1	1
14	1	1	1	1	3/4	1	1	1	1	2/3
15	5/2	5/2	1	4/5	1/2	1	2	1	1/2	1
16	5	5/4	1/4	1	2	5/4	1	2	2	1
17	4/5	1	1	1	1	1	1	2	2	1
18	4/5	3/4	3/4	1	1	1	3/4	1	4/3	2/3
19	1	1	1	1	1	1	4/3	4/3	1	1
20	1	1	5/7	1/2	1/2	1	3/4	1	4/3	3/2
21	1/2	1	2	1	1/2	1/2	3/4	5/4	4/3	3/2
22	1	3/4	3/4	1	1	1	1	2	2	1
23	3/4	1	4/3	1	1	1	1	2	1/2	3/2
24	1/3	1	3	1	1	1	1	2	2	3/2

经过专家们一致讨论和群体AHP赋权法的计算，一级指标权重由大到小依次是：健康、节能、环保、舒适、经济、生态。决策者们一致认为健康指标、节能指标、环保指标相对更为重要。强调建筑材料健康、节能、环保方面的重要性是符合建筑材料绿色度的发展要求的。因为建筑材料是建筑物的基本组成元素，建筑材料的健康性对人体的健康有着直接的影响，建筑材料的节能和环保指标对环境负荷有着直接的影响，所以上述计算结果比较充分地说明了通过群体AHP赋权法计算得到的评价指标权重是正确和适用的。综合评价体系指标权重如表5.33所示。

表5.33 **综合评价体系指标权重**

一级指标	权重	二级指标	权重	组合权重	三级指标	权重	组合权重
节能	0.1925	矿产资源	1.0000	0.1925	能源消耗	0.4922	0.0948
					资源消耗	0.5078	0.0978
健康	0.2031	室内环境影响	1.0000	0.2031	室内环境污染	0.5374	0.1092
					材料放射性	0.4626	0.0940
舒适	0.1447	坚固性	0.5120	0.0741	耐久性	0.4174	0.0309
					强度性	0.5826	0.0432
		功能性	0.4155	0.0601	吸湿性	0.3146	0.0189
					传热性	0.3585	0.0216
					隔声量	0.3269	0.0197
环保	0.1789	固废排放	0.2800	0.0501	废渣	1.0000	0.0501
		废水排放	0.3556	0.0636	化学需氧量	0.3215	0.0205
					石油类	0.3331	0.0212
					悬浮物	0.3454	0.0220

续表

一级指标	权重	二级指标	权重	组合权重	三级指标	权重	组合权重
环保		废气排放	0.3644	0.0652	二氧化碳	0.2468	0.0161
					粉尘	0.2254	0.0147
					二氧化硫	0.2842	0.0185
					氮化物	0.2435	0.0159
生态	0.1391	环境效益	1.0000	0.1391	本地化率	0.2649	0.0369
					回收率	0.3825	0.0532
					利废率	0.3526	0.0491
经济	0.1415	生产成本	1.0000	0.1415	燃料成本	0.5051	0.0715
					原料成本	0.4949	0.0701

从表5.33的计算结果可以看出，建筑材料绿色度评价指标中，一级指标中的健康指标的权重最大，为0.2031，其次是节能指标和环保指标。可以看出，对于环境协调性材料而言，大部分专家认为健康、节能和环保指标比较重要。在三级指标中，健康指标中的室内污染指标的组合权重最大，为0.1092，之后为资源消耗指标、能源消耗指标、材料放射性指标、燃料成本指标和原料成本指标。

5.5.3 水泥绿色度指标实测值

本书研究的数据来源于对大连某水泥生产企业的实地调研，所有的指标数据均为企业自身的生产工艺参数。本书选取了市场上常见的3种类型水泥产品PII52.5R、PO42.5R和PC32.5R，对其绿色度进行评价，评价指标的实测值见表5.34。

表 5.34 **水泥产品评价指标实测值**

评价指标	组合权重	PII 52.5R	PO42.5R	PC32.5R
能源消耗（kgce/t）	0.0948	103.11	87.04	76.17
资源消耗（标准值 S_R）	0.0978	4.84	4.73	3.93
室内环境污染	0.1092	1	1	1
材料放射性	0.0940	1	1	1
耐久性	0.0309	1	1	1
强度性	0.0432	1	1	1
吸湿性	0.0189	2.5	2.5	2.5
传热性	0.0216	2.5	2.5	2.5
隔声量	0.0197	2.5	2.5	2.5
废渣（kg/t）	0.0501	56.7084	47.8875	41.8922
化学需氧量（mg/L）	0.0205	53.9924	45.5376	39.8382
石油类（mg/L）	0.0212	0.2304	0.1946	0.1702
悬浮物（mg/L）	0.0220	61.0863	51.5704	45.1159
二氧化碳（kg/t）	0.0161	743.81	696.74	586.38
粉尘（kg/t）	0.0147	0.4063	0.3431	0.3002
二氧化硫（kg/t）	0.0185	0.5550	0.4687	0.4100
氮化物（kg/t）	0.0159	0.9225	0.7790	0.6815
本地化率（%）	0.0369	100%	100%	100%
回收率（%）	0.0532	99.8%	99.8%	99.8%
利废率（%）	0.0491	3%	5.18%	21.4%
燃料成本（元/吨）	0.0715	70.11	59.23	51.82
原料成本（元/吨）	0.0701	83.78	81.92	68.01

5.5.4 计算分析

根据表5.34中三种水泥产品PII52.5R、PO42.5R和PC32.5R各评价指标的具体量值，建立水泥材料环境协调性待评物元矩阵，输入具体量值，进行计算，得到水泥材料绿色度评价指标关联度和综合关联度的计算结果，如表5.35和表5.36所示。

表5.35 水泥绿色度评价指标关联度

评价指标	PII 52.5R 指标关联度	绿色度等级	PO42.5R 指标关联度	绿色度等级	PC32.5R 指标关联度	绿色度等级
能源消耗（kgce/t）	-0.05134	第二等级	0.0641	第一等级	0.1810	第一等级
资源消耗（标准值S_R）	-0.4585	第三等级	-0.0692	第五等级	-0.0988	第二等级
室内环境污染	0.0001	第一等级	0.0001	第一等级	0.0001	第一等级
材料放射性	0.0001	第一等级	0.0001	第一等级	0.0001	第一等级
耐久性	0.0001	第一等级	0.0001	第一等级	0.0001	第一等级
强度性	0.0001	第一等级	0.0001	第一等级	0.0001	第一等级
吸湿性	-0.0625	第三等级	-0.0625	第三等级	-0.0625	第三等级
传热性	-0.0625	第三等级	-0.0625	第三等级	-0.0625	第三等级
隔声量	-0.0625	第三等级	-0.0625	第三等级	-0.0625	第三等级
废渣（kg/t）	0.1646	第五等级	-0.5963	第三等级	-0.1892	第四等级
化学需氧量（mg/L）	0.4601	第一等级	0.4553	第一等级	0.3984	第一等级
石油类（mg/L）	0.0461	第一等级	0.0389	第一等级	0.0340	第一等级
悬浮物（mg/L）	-0.1273	第二等级	0.2633	第一等级	0.3554	第一等级
二氧化碳（kg/t）	-0.1146	第五等级	-0.1714	第三等级	0.1315	第三等级
粉尘（kg/t）	-0.1684	第一等级	0.0122	第二等级	0.0735	第一等级
二氧化硫（kg/t）	-0.4955	第三等级	0.2188	第一等级	0.3166	第一等级
氮化物（kg/t）	0.3850	第一等级	0.4807	第一等级	0.4543	第一等级
本地化率（%）	0.6667	第二等级	0.6667	第二等级	0.6667	第二等级
回收率（%）	0.3017	第二等级	0.3017	第二等级	0.3017	第二等级
利废率（%）	0.4923	第四等级	0.4588	第四等级	0.3741	第五等级
燃料成本（元/吨）	0.2315	第一等级	0.3507	第一等级	0.4319	第一等级
原料成本（元/吨）	-0.0289	第五等级	-0.0784	第五等级	-0.0708	第三等级

表5.36　　水泥材料绿色度评价结果

综合关联度	N_1	N_2	N_3	N_4	N_5	级别
PII 52.5R	0.0682	−0.3351	−0.3464	−0.2421	−0.1292	第一等级
PO42.5R	−0.0139	−0.3447	−0.3791	−0.2468	−0.0783	第一等级
PC32.5R	0.1534	−0.3489	−0.3461	−0.2151	−0.2248	第一等级

从表5.35中不同水泥绿色度评价指标的关联度计算结果来看，三种水泥产品中的能源消耗指标、资源消耗指标、废渣排放指标、悬浮物排放指标、二氧化碳排放指标、粉尘排放指标、二氧化硫排放指标、利废率指标、原料成本指标发生等级跳跃。从水泥生产“两磨一烧”的工艺流程可以看出，水泥的生产消耗大量的资源和能源，污染环境。水泥行业的碳排放量占世界第一位。水泥产品强度等级的高低与水泥中的水泥熟料含量多少有关，水泥产品强度等级越高，熟料的用量就越多，消耗的资源、能源，排出的废渣、悬浮物、二氧化碳和二氧化硫就越多，给环境带来的负荷就越大。因此，生产出水泥产品的成本就越高。

从水泥绿色度评价结果中可以看出，水泥厂生产的三种水泥产品PII52.5R、PO42.5R和PC32.5R的绿色度等级均为第一等级，处于国内领先水平。根据评价指标体系中单个指标提供的分异信息，资源消耗指标、吸湿性指标、传热性指标、隔声量指标、废渣排放指标、粉尘排放指标、二氧化碳排放指标、二氧化硫排放指标、本地化率指标、回收率指标、利废率指标、原料成本指标成为我国水泥材料环境协调性改善的制约因素。其中，资源消耗指标、吸湿性指标、传热性指标、隔声量指标、废渣排放指标、二氧化碳排放指标、利废率指标、原料成本指标均处在第三等级。可以看出，水泥绿色度的改善在注重吸湿、传热和隔声性能的基础上，还要考虑节省资源，减少废渣排放和二氧化碳排放，从循环经济的角度出发，提高利废率，降低成本。因此，水泥产品的生产，应该利用循环经济的原理，加大工业废料的利用，研发新的水泥品种，改善水泥的生产工艺，做到清洁生产。

5.5.5 水泥行业可持续发展建议

（1）转变生产观念和政府调控

转变传统生产观念，注重水泥生产与社会环境协调发展，加强环境监督和保护，建立适应我国市场经济的新型环境和资源管理机制。大力推动水泥行业的自主创新，制止牺牲生态环境来换取眼前经济利益的粗放式发展，实施相关法律法规保护生态环境，强化人们的环境意识，不断完善和调整水泥行业税收政策。对水泥行业实行差别税收，用政府的税收杠杆，鼓励水泥企业淘汰落后生产工艺和产能。

（2）发展循环经济，开展清洁生产

水泥行业可持续发展要做到能源、经济和环境的协调发展，发展循环经济。有效利用工业废弃物和城市生活垃圾；开展清洁生产，将环境保护策略应用于生产过程和产品消费之中，减少“三废”的排放量，控制水泥生产过程中的碳排放；研发水泥产品种类，加大特种水泥的开发，提高水泥强度和质量；通过资源的综合利用，节约原材料和能源，减少对环境的危害。对水泥行业来说，要严格实行资源回采率控制，杜绝石灰石开采过程中采富弃贫的行为。

（3）延伸水泥行业产业链，加强管理

要实现水泥行业能源、经济和环境三个方面的可持续发展，还要转变传统的水泥生产和经营理念，有效整合资源，构建水泥行业生态工业园区，建立水泥行业战略联盟，改造和延伸水泥行业的产业链，走集团化发展的道路。此外，应建立合作共赢的经营模式，加强服务创新，实现共赢。企业应该加强管理，树立客户至上的服务理念。采取多样化的服务竞争策略，根据生命周期的原理，将其分解到水泥产品全生命周期，全面提高水泥行业生产技术和经营管理水平，建立标准化管理体系，为水泥行业可持续发展积累经验。

5.6 小结

本书从节能、环保、健康、舒适、生态和经济六个方面选取了22

个指标构成水泥材料环境协调性评价指标体系。利用群体AHP确定了评价指标的权重，建立了水泥材料环境协调性评价物元分析模型。结合水泥材料环境协调性评价物元模型对大连某水泥生产企业生产的PII52.5R、PO42.5R和PC32.5R三种水泥产品的绿色度进行评价，水泥厂生产的三种水泥产品PII52.5R、PO42.5R和PC32.5R的环境协调性等级均为第一等级，处于国内领先水平。但其中资源消耗指标、吸湿性指标、传热性指标、隔声量指标、废渣排放量指标、二氧化碳排放指标、利废率指标、原料成本指标均处在第二等级及以下。因此，水泥材料产品环境协调性的改善应在注重吸湿、传热和隔声性能的基础上，从循环经济的角度出发，考虑节省资源，减少废渣排放和二氧化碳排放，提高利废率，降低成本。本书能够定量表示评价结果，信息丰富，具有普遍适用性，具有一定的现实意义和应用前景。

6 建筑材料绿色度认证与管理

6.1 建筑材料绿色度认证

6.1.1 构建建筑材料绿色度认证制度框架

2017年12月29日，国家质检总局、住房和城乡建设部、工业和信息化部、国家认监委、国家标准委联合发布《关于推动绿色建材产品标准、认证、标识工作的指导意见》。其总体目标是：到2020年绿色建材应用比例达到40%以上。建筑材料绿色度认证制度框架体系的内容应包括：建筑材料企业管理标准、建筑材料绿色度认证指南、建筑材料产品绿色度评价标准、建筑材料绿色度认证实施管理办法、建筑材料绿色度认证政策和建筑材料绿色度认证信息系统、建筑材料绿色度认证管理机制。其中，建筑材料产品绿色度评价标准和建筑材料企业管理标准是开展建筑材料绿色度认证的基础性工作，是建筑材料绿色度认证的依据；建筑材料绿色度认证指南架起了认证制度和管理之间的桥梁，为建筑材料绿色度认证工作的顺利实施提供了指导；建筑材料绿色度认证实施管理办法明确了认证机构的作用及各组织机构间的职能关系，为建筑材料绿色度认证开展提供了操作的依据；建筑材料绿色度认证管理机制为认证工作的开展提供了制度保障；建筑材料绿色度认证政策为认证工作的开展提供了推动力；建筑材料绿色度认证信息系统为建筑材料绿色度认证体系提供了成果应用的平台，在全国范围内形成统一、科学、完备、有效的绿色建材产品标准、认证、标识体系，实现一类产品、一个标准、一个清单、一次认证、一个标识的整合目标，建立完善的绿色建材推广和应用机制，全面提升建材工业绿色制造水平，图6.1为建筑材料绿色度认证制度框架。

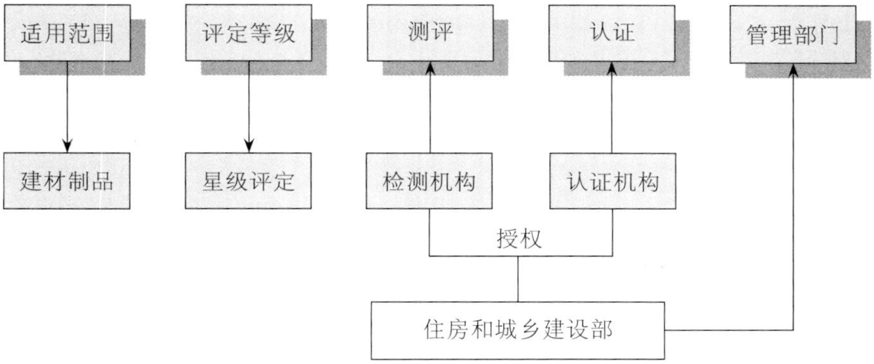

图6.1 建筑材料绿色度认证制度框架

（1）建立统一的产品标准体系。由国家标准委、工业和信息化部、住房和城乡建设部构建绿色建材产品标准体系框架，组织研制满足工程建设要求的绿色建材产品评价标准，确定和统一发布绿色建材产品评价标准清单，动态管理绿色建材产品标准。

（2）建立统一的产品认证体系。由国家认监委、住房和城乡建设部、工业和信息化部构建绿色建材产品认证体系框架，制定绿色建材产品认证目录、实施规则和证书式样；按照绿色产品认证机构能力要求确定绿色建材产品认证机构。

（3）推进绿色产品认证。积极稳妥地推动绿色建材评价向统一的绿色产品认证转变。对于纳入统一的标准清单和认证目录的建材产品，符合相关要求的，按照统一的绿色产品认证体系进行绿色产品认证，已获得三星级绿色建材评价标识的建材产品在证书有效期内可换发绿色产品认证证书。

6.1.2 加强建筑材料绿色度认证的措施

（1）政府、企业、社会整体推进绿色建筑材料发展

推进绿色建筑材料的发展，需要社会的整体联动，明确各方的责任。政府相关部门应因地制宜、合理规划，保障绿色建筑材料发展相关法令的顺利实施。我国建筑业在制度建设、市场规范、管理创新和宣传教育上与发达国家相比，还存在一定的差距。政府相关部门要通过政策和法规等的不断改善，约束建筑市场[152]。此外，我国绿色建筑材料市场整体发展水平较低，还未形成生产、销售、服务的配套市场体系，绿色建筑材料产品在市场中所占的比重很小。绿色建筑材料生产企业不多，企业实力偏弱，融资能力差。通过优惠税收政策，鼓励建筑材料企业开发研制绿色建筑材料，引导消费者购买绿色建筑材料；改进和完善对绿色建筑材料生产企业的金融服务。加强绿色建筑材料推广过程的监管，让真正的小企业拿到补贴。同时，政府应继续鼓励绿色建筑材料和低碳技术的创新等，促进和推动我国建筑材料绿色度评价和认证体系的不断完善和发展。建筑材料生产企业应积极推进以废弃物为原料的绿色建筑材料的开发和生产，利用工业废弃物和建筑垃圾生产绿色建筑材料。消费者在购买和使用过程中应注重低碳、节能和环保等因素，主动购买绿色建筑材料。相关领域部门应该加大宣传力度，开展绿色建筑和建筑材料绿色度评价和认证工作的相关培训，扩大社会认知度，加深公众对绿色建筑和建筑材料绿色度的认识。

（2）制定建筑材料绿色度评价相关配套的标准体系

为了有效指导建筑材料绿色度的评价和认证在建筑市场中的推广和应用，应制定建筑材料绿色度评价标准和应用标准，形成完整的建筑材料绿色度评价和认证技术体系。与国外相比，我国建筑材料绿色

度评价和认证工作发展相对滞后，相关标准和应用技术规程更加滞后，导致我国绿色建筑材料研发和应用推广力度远远不够。相关部门应该梳理建立绿色建筑材料评价标准体系以及相应的认证办法，要优先面向量大面广绿色建筑所需的建筑材料，逐步编制绿色建筑材料产品目录，加快研究制定和推广建筑材料绿色度评价体系和认证标准，注重生产和使用环节联动，淘汰技术落后产品，以先进标准规范激励绿色建筑材料技术进步，加快产业发展和转型升级，引导绿色建筑材料发展。此外，应加强上下游产业互动对接，以满足绿色建筑和建筑节能发展的需要。

（3）完善建筑材料绿色度认证制度相关配套体系

建筑材料绿色度评价和认证工作不仅要使建筑材料绿色度评价和认证成为指导建筑材料科技工作者设计、研发、生产新型建筑材料产品的工具和手段，而且要使建筑材料及其制品符合地球环境负荷最小和更有利于人类健康。建筑材料绿色度评价和认证应由国家组织具有权威性的绿色建筑材料产品专门认证和标志授权机构来完成。建筑材料绿色度评价应认真客观，要杜绝权力滥用等不公正或不规范的商业行为，材料的产品认证和绿色标志的授予权力不宜委托或转授给地方、企业和个人。此外，要建设良好的建筑材料绿色度评价和认证管理制度，充分发挥市场机制，确立生产企业、认证机构、认可机构退出机制，确保绿色建筑材料产品和企业认证体系管理的正常运行，促进绿色建筑材料认证体系及管理的可持续发展；加强政府对认证结果的利用和认证市场的监管作用，充分发挥政府在建筑材料绿色度认证过程中的引导者、规则的制定者以及错误的纠正者的作用[9]；为建筑业领域开展绿色建筑认证和评价提供参考，为建筑材料绿色度评价和认证达到国际互认奠定理论基础。

（4）强化社会共治，加强宣传引导

绿色建材产品认证机构要主动公开认证产品标准、程序、方法、结果，自觉接受社会监督，及时发布认证机构及获证企业相关信息。任何组织和个人有权对绿色建材产品认证中的违法违规行为进行举报，各地、各相关部门应当及时调查处理。建立认证机构、认证人员、获证企业、最终用户的关联制约机制、风险责任机制，依靠行政监管、认可约束、行业自律、社会监督，实现多元共治。加强绿色建材产品标准、认证、标识相关政策解读，开展多种形式的绿色建材产品宣介活动，向社会提供绿色建材产品认证信息查询、统计分析、结果发布等服务，引导消费者选材，强化公众绿色生产和消费理念，让广大消费者接受认证结果、信任认证制度，支持企业提品质、树品牌，促进建材工业提质升级。

6.2 基于BIM技术的建筑材料绿色度评价管理

信息技术的不断发展，对建筑材料绿色度管理产生巨大影响，为工程项目管理提供了强大的管理工具和手段，极大地提高了工程项目的管理效率，提升了工程项目的管理水平。建筑信息模型（Building Information Modeling，BIM）是一种集成的全生命周期管理的建设信息化方法，贯穿建设项目的全生命周期，包括规划、设计、采购、施工和运营等各个阶段[153-155]，为建设项目各个参与方提供了协同管理工作和信息交流的平台[156-158]。美国国家建筑科学研究院在《国家建筑信息模型标准（NBIMS）》中对广义的BIM做了阐释：BIM包含三层含义，第一层是作为产品的BIM，即指设施的数字化表示；第二层是指作为协同过程的BIM；第三层是作为设施全生命周期的BIM。随着BIM理论的不断发展，广义的BIM已经超越了最初的产品模型的界限，正被认同为一种应用模型来进行建设和管理的思想和方法，这种思想和方法将引发整个建筑生产过程的变革。

目前，我国BIM技术的应用水平还比较低，主要用于辅助设计、可视化展示、碰撞检测和施工进度模拟等方面。在工程项目管理方面，赵彬等指出，BIM技术可以解决传统项目管理的缺陷，在工程的进度管理方面具有优越性[159]。许俊青等指出，BIM技术能促进工程项目生命周期内信息的共享和交流，实现项目参与方的协同化管理[160]。可以看出，无论国外还是国内，BIM技术的应用主要集中于建筑工程项目，而在绿色建筑材料管理中的应用还不多。本研究通过对绿色建筑材料管理的特征和实际需求、对BIM技术在绿色建筑材料管理中的技术优势进行分析，进而提出基于BIM技术和RFID技术的绿色建筑材料管理架构和实施流程，对于绿色建筑项目中绿色建筑材料信息化管理平台的建设具有一定的意义。

6.2.1 绿色建筑材料全生命周期管理特征

绿色建筑项目中绿色建筑材料采用全生命周期管理方法，涉及绿色建筑材料的设计、生产、使用和维护阶段的信息化管理。因此，在整个绿色建筑项目的营造过程中，对于绿色建筑材料的管理提出了更高的要求。首先，绿色建筑材料的生产商要根据绿色建筑材料的认定标准，对绿色建筑材料生产过程中的绿色度进行管理，为客户提供不同绿色度的建筑材料及其制品。其次，由于建筑材料种类繁多，涉及的建筑材料生产商和供应商也较多，企业的建筑材料的生产和管理方式不同，传统粗放式的建筑材料管理模式已经不能适应绿色建筑材料的管理需求，对绿色建筑材料应实行精细化管理。最后，绿色建筑项目中绿色建筑材料及其制品的选购需要根据客户的需求进行，项目的各参与方之间的沟通和协调管理十分重要。在绿色建筑项目竣工验收后，大量的建设信息和绿色材料及其制品的信息需要提供给物业方，便于绿色建筑项目后期的维护和更换绿色建筑材料。鉴于上述绿色建筑项目中绿色建筑材料管理的特殊性，结合生命周期评价理论，将绿色建筑材料的设计、生产、施工、运营和维护阶段的管理特征归结为三维可视化、协同管理、精细化管理和信息的可追溯性几个方面。

（1）三维可视化

三维模型能够有效地为客户提供个性化的设计方案、绿色建筑材料的三维模型信息和绿色建筑材料施工方案模拟等。绿色建筑项目在户型的设计、绿色建筑材料的订购和施工方案等方面对直观的三维模型的需求更高。而基于三维模型的BIM技术能够为绿色建筑项目提供直观的绿色建筑材料三维模型和施工模拟三维模型，满足绿色建筑项目中绿色建筑材料管理在三维可视化方面的需求。

（2）协同管理

在绿色建筑项目建造过程中，业主、设计单位、施工单位和绿色建筑材料生产商对整个项目的建筑材料进行协同管理，整个绿色建筑项目开发形成一条工业化的产业链。在设计阶段，业主、施工单位和绿色建筑材料的生产商就要参与整个绿色建筑设计方案的研究，用以制订满足用户的个性化价值需求的施工技术方案和绿色建筑材料的生产方案。绿色建筑项目中所用绿色建筑材料对全产业链上项目的各参与方协同管理的要求更高。采用BIM技术信息化管理手段，能协调绿色建筑建造过程中各参与方获得有效的绿色建筑材料管理信息。

（3）精细化管理

绿色建筑项目在营造过程中需要使用大量的绿色建筑材料，然而传统的建筑材料管理方法很难达到精细化管理。因此，绿色建筑项目在设计、施工、运行和维护阶段需建立精细化的绿色建筑材料信息库，以便绿色建筑项目各参与方能够及时准确地查询、订购、使用和生产绿色建筑材料，实现绿色建筑营造过程中对绿色建筑材料需求和使用的精细化管理。BIM技术能够建立绿色建筑材料信息库，实现对绿色建筑材料生产、使用和维护的精细化管理，同时也能为绿色建筑项目各参与方提供信息共享，打破建筑材料管理的信息断层。

（4）信息的可追溯性

绿色建筑项目在运行阶段，用户可以根据使用功能的需求，对使用的绿色建筑材料进行维护、更换和调整，绿色建筑材料的生产信息、材料功能参数信息和施工方案等工程历史信息对绿色建筑的维护就显得尤为重要。BIM技术能够详细记载绿色建筑营造过程中详细的工程信息和绿色建筑材料信息，在发生工程变更时也能在BIM中详细地记录，并对绿色建筑的绿色等级进行迅速的评价，这些优势为绿色建筑项目和绿色建筑材料后期的评价、维护和管理提供了有效的建设项目信息的可追溯性。

6.2.2 基于BIM技术的绿色建筑材料管理体系架构

绿色建筑项目中绿色建筑材料信息化管理实施的基础是信息传递的

标准化。本书鉴于BIM技术的优势和绿色建筑材料管理需求之间的契合性，在国际协同工作联盟制定的IFC（Industry Foundation Classes）基础上，构建绿色建筑材料管理体系[161, 162]。根据IFC标准，管理层模型由上至下分别为应用管理层、数据交换层、BIM模型层和基础数据层，如图6.2所示。

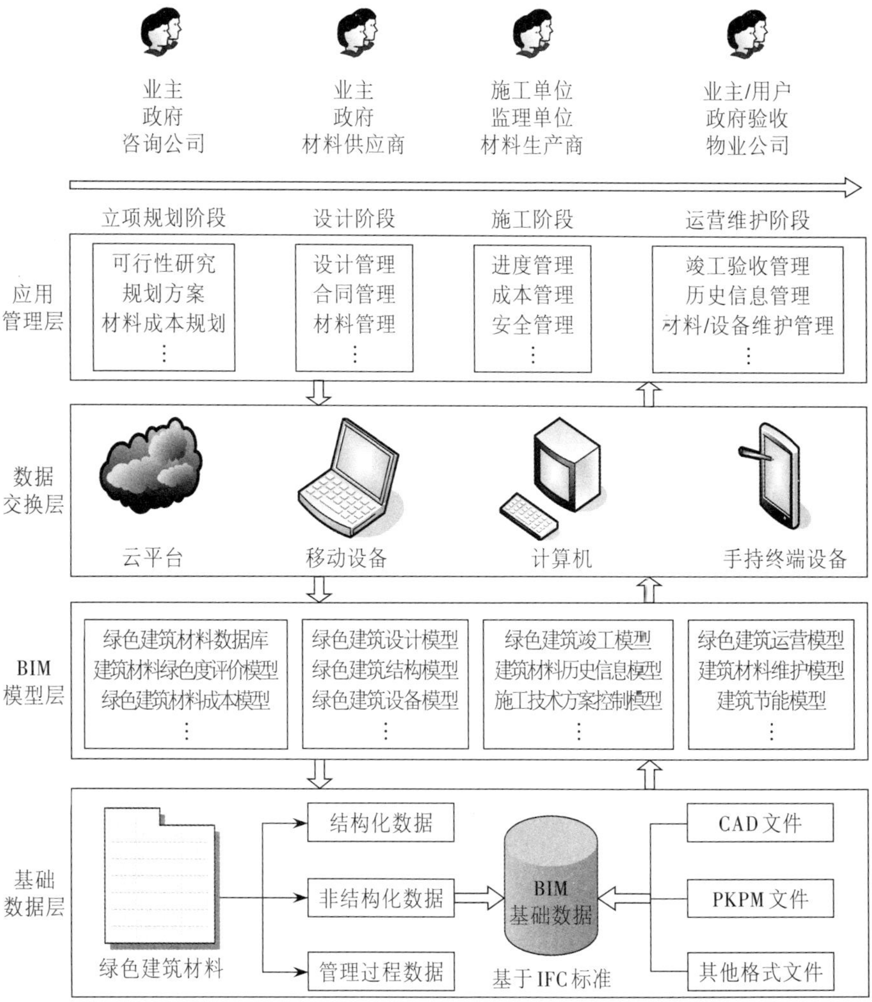

图6.2　基于BIM的绿色建筑材料管理体系架构图

（1）应用管理层

应用管理层主要实现基于BIM技术三维模型对绿色建筑项目模型、

设计模型、施工模型和绿色建筑材料模型的管理，以及绿色建筑在后期运营和维护过程中的历史信息追溯和运营维护信息的管理。在绿色建筑的全生命周期内，项目开发的各个参与方均能够基于BIM技术的三维模型提取绿色建筑材料的参数信息，实现信息的共享和即时交流，整合各方管理资源，并用于支持绿色建筑项目的管理决策。

（2）数据交换层

数据交换层主要实现基于终端设备和网络的BIM技术模型的数据传输和管理功能。基于BIM技术实现绿色建筑项目在全生命周期内绿色建筑材料的协同管理，基于局域网或互联网构建网络信息传递平台，建立“云”服务平台，实现绿色建筑材料的信息共享和管理。同时，笔记本电脑和手机等终端设备可为BIM技术的数据交换提供硬件支持。

（3）BIM模型层

BIM模型层主要是实现绿色建筑项目中绿色建筑材料管理核心BIM模型的构建功能。在绿色建筑营造过程中，业主、设计单位和施工单位需要在施工建造之前订购绿色建筑材料及其制品，确定详细的施工技术方案和比较不同的竣工模拟模型。因此，绿色建筑材料管理的BIM模型更注重对绿色建筑材料库、绿色建筑材料的三维模型和施工技术方案模拟模型的构建。根据绿色建筑项目对建筑材料管理的要求，BIM模型层设置了绿色建筑材料管理的BIM核心模型，以满足绿色建筑项目全生命周期内对绿色建筑材料管理的需求。

（4）基础数据层

基础数据层主要实现基于IFC文件格式的不同软件的模型数据转换与管理。利用BIM技术模型实现绿色建筑材料的全生命周期管理，需要BIM技术模型信息在不同的平台应用和转换。因此，建立统一的文件格式是基础。针对绿色建筑材料全生命周期管理中涉及的材料生产信息和功能信息、绿色建筑材料评价信息，以及建筑和结构设计模型信息，架构体系中的所有数据均采用IFC格式进行存储和转换，以满足在同一平台上对BIM基础数据进行统一管理。项目竣工后，BIM建筑材料信息数据库为项目后期的运行和维护提供了资料，为其他项目提供了参考并形成循环反馈，最终成为更为庞大和丰富的BIM数据库，提升企业、行业和国家绿色建筑项目中绿色建筑材料的整体管理水平。

6.2.3 绿色建筑材料管理体系实施

无线射频技术RFID是一种非接触式自动识别技术，用于信息采集。基于RFID技术自动化、信息化和无纸化等优势，通过应用程序接口与BIM平台进行信息交换，在设计阶段将绿色建筑材料的参数信息等添加到BIM。在设计过程中利用RFID标签不断采集扫描信息，并与BIM交互，实时实现绿色建筑材料、建筑项目的可视化，并自动存储信息形成BIM数据库。在绿色建筑项目营造过程中，绿色建筑材料出厂附着相应的RFID标签（标签信息对绿色建筑材料的信息参数预先定义并添加到BIM中），绿色建筑材料的信息通过读写器被扫描传输到BIM中，通过BIM对绿色建筑材料进行管理，如图6.3所示。

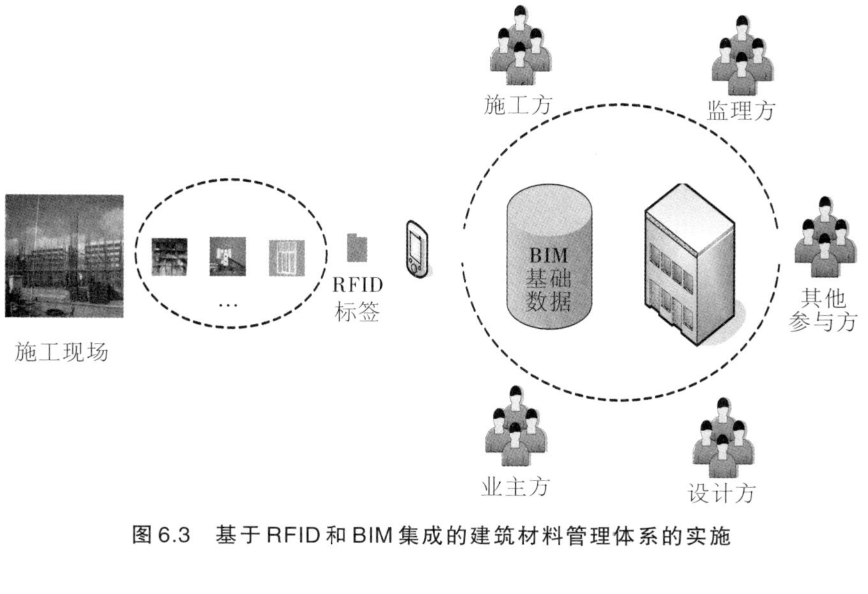

图6.3 基于RFID和BIM集成的建筑材料管理体系的实施

6.3 小结

建筑信息化和绿色建筑的融合是未来建筑行业发展的必然趋势，

建筑信息化技术能有力地推动绿色建筑的发展和顺利实施，二者融合能有效地突破绿色建筑项目中绿色建筑材料全生命周期管理的瓶颈。将BIM技术和RFID技术引入到绿色建筑项目的绿色建筑材料管理中，能有效提升绿色建筑材料的管理水平，实现绿色建筑材料全生命周期的协同化和精细化管理。同时，将形成的BIM绿色建筑材料信息数据库在企业和行业中共享，形成企业、行业乃至国家BIM绿色建筑材料信息库，对提升绿色建筑项目中绿色建筑材料的管理水平具有重要的意义。

参考文献

[1] 汪振双，王立国．绿色建筑背景下建筑材料绿色度评价和认证体系研究［J］．建筑经济，2015（1）：98-112．

[2] 刘俊颖．工程管理研究前沿与趋势［M］．北京：中国城市出版社，2014．

[3] 周梅，汪振双．煤矸石生产绿色建材的性能研究分析［J］．科学技术与工程，2007（7）：1443-1445．

[4] 盛祺元．我国绿色建材产品评价体系研究——以绿色建筑陶瓷为例［D］．南京：东南大学，2018．

[5] 于静．绿色建材需求强劲亟需建设标准体系［J］．墙材革新与建筑节能，2013（5）：13．

[6] 江亿，秦佑国，等．绿色奥运建筑评估体系研究［J］．专家论坛，2004（5）：9．

[7] 张海亚．“绿色”究竟离你还有多远［J］．广东建材，2010（5）：219-221．

[8] 白琴琴．陕西省绿色建材评价体系研究［D］．西安：西安建筑科技大学，2015．

[9] 张立臣，刘秀芝．室内主要污染及对人体健康影响［J］．齐齐哈尔大学学报：自然科学版，2009（1）：1-1．

[10] 中国建筑材料科学研究院．绿色建材与建材绿色化［M］．北京：化学工业出版社，2003：383．

[11] 阮仪．国际绿色建筑评价体系［J］．绿色中国：理论版，2005（19）：34-35．

[12] 李路明．绿色建筑评价体系研究［D］．天津：天津大学，2003．
[13] Potbhare V，Syal M，Arif M，et al. Emergence of green building guidelines in developed countries and their impact on India［J］．Journal of Engineering，Design and Technology，2009，7（1）：99-121．
[14] Lee W L，Burnett J. Benchmarking energy use assessment of HK-BEAM，BREEAM and LEED［J］．Building and Environment，2008，43（11）：1882-1891．
[15] 吴贤国，刘惠涛，陈跃庆，等．绿色建筑评价体系研究［J］．建筑经济，2008（10）：106-109
[16] 武振．我国绿色建筑认证体系构建［J］．建筑经济，2014（6）：1-5．
[17] 俞伟伟．中美绿色建筑评价标准认证体系比较研究［D］．重庆：重庆大学，2008．
[18] 黄琪英．国内绿色建筑评价的研究［D］．成都：四川大学，2005．
[19] 王神，王随林，王清勤，等．国外绿色建筑评价体系分析［J］．建筑节能，2010（2）：64-66．
[20] Zeff C. The ultimate green building material［J］．Inwood International，2003（52）：36-37．
[21] Shi Q，Xu Y. The selection of green building materials using GA-BP hybrid algorithm［Z］．Shanghai，China，2009：40-45．
[22] Lowe R.Defining and meeting the carbon constraints of the 21st century［J］．Building Research and information，2000（3）：159-175．
[23] Lester E，Eoin J. Committed carbon-upgrading Existings［J］．The Structural Design of Tall and Special Buildings，2008（5）：989-1002．
[24] 卢求．德国DGNB世界第二代绿色建筑评估体系［J］．世界建筑，2010（1）：105-107．
[25] Dunsdon A. The use of the planning system to encourage low carbon energy technologies in buildings［J］．Renewable Energy：An International Journal，2009（9）：2016-2021．
[26] Adalberth K.Energy use during the life cycle of buildings：a method［J］．Building and Environment，1997（4）：317-320．
[27] 邢雅熙．美国LEED绿色节能认证标准在中国的适用性研究［D］．北京：北京建筑大学，2015．
[28] 姚润明，李百战，丁勇，等．绿色建筑的发展概述［J］．暖通空调，2006，36（11）：27-32．
[29] 潘海泽，陈梦捷，缪玮，等．美国LEED绿色建筑评价标准与我国绿色建

筑评价标准比较分析［J］．建筑经济，2016（1）：88-92
［30］ 江亿，秦佑国，朱颖心．绿色奥运建筑评估体系研究［J］．中国住宅设施，2004（5）：9-14.
［31］ 刘翼，蒋荃．建筑“冷屋面”制品及评价与认证技术进展［J］．中国建材科技，2010：57-60.
［32］ 李志．浅析中新天津生态城绿色建筑评价标准［J］．中国房地产，2009（7）：55-56.
［33］ 汪涛．建筑温室气体减排——核算、障碍、对策、政策［M］．北京：经济科学出版社，2014.
［34］ 汪振双．水泥行业发展与环境关系研究——基于环境库兹涅兹曲线模型［J］．东北财经大学学报，2015（3）：28-31
［35］ 李静，刘燕．基于全生命周期的建筑工程碳排放计算模型［J］．工程管理学报，2015，29（4）：12-16.
［36］ 汪振双，赵宁．基于群体AHP物元分析模型的水泥材料环境协调性评价研究［J］．工程管理学报，2015，29（1）：48-52.
［37］ 桂智刚，吴海西，沈波，等．探求绿色建筑的研究概况和前言热点——基于CNKI的统计分析［J］．西安建筑科技大学学报：自然科学版，2019，51（4）：610-616.
［38］ 徐治国．面向过程管理的过程诊断理论及辅助软件系统研究［D］．杭州：浙江大学，2003.
［39］ Shi Q，Xu Y. The selection of green building materials using GA-BP hybrid algorithm［Z］．Shanghai，China，2009：40-45.
［40］ 肖国增，张建林．风景园林景观规划方案综合评价体系的研究［J］．西南农业大学学报：社会科学版，2006（1）：150-155.
［41］ 陆斌．室内环境质量综合评价体系初探［J］．环境科学导刊，2007（1）：86-89.
［42］ Shao Fei，Deng Wei，Yi Fu Jun，et al. Comprehensive evaluation method of metropolitan public transportation system based on analysis hierarchical process and grey theory［J］．Journal of PLA University of Science and Technology（Natural Science Edition），2009，10（6）：536-541.
［43］ Quan O. Design and implementation of the network evaluation system based on comprehensive evaluation method［Z］．Hong Kong，China，2010：285-288.
［44］ Li Hong Ping，Pei Yu Long. Fuzzy comprehensive evaluation of service

level of expressway system [J]. Journal of South China University of Technology: Natural Science，2009，37 (7): 26-30.

[45] Ge S Y，Cheng P，Liu H，et al. Research on the comprehensive evaluation index system of distribution network reliability [Z]. Nanjing，China，2010.

[46] 曾珍香，李艳双. 复杂系统评价指标体系研究 [J]. 河北工业大学学报，2001 (1): 70-73.

[47] 张大云. 工程材料综合评价系统研究与实现 [D]. 兰州: 兰州理工大学，2008.

[48] Yokoyama Y，Inoue R，Ikeda A，et al.Evaluation index on periodic and continuous floor vibration caused by occupant walking [J]. Journal of Environmental Engineering，2009，74 (636): 125-132.

[49] Fei Min S，Bo Hui C，Jian Y.Study on construction and quantification of evaluation index system of mine ventilation system [J]. Procedia Earth and Planetary Science，2009，1 (1): 114-122.

[50] Chu M T，Khosla R. Index evaluations and business strategies on communities of practice [J]. Expert Systems with Applications，2009，36 (2 PART 1): 1549-1558.

[51] 刘葵阳. 扩展角色行为流程图及其应用研究 [D]. 武汉: 华中科技大学，2005.

[52] 陈红，魏风虎. 公路生态系统评价指标体系构建方法研究 [J]. 中国公路学报，2004 (4): 92-95.

[53] Robert L.The Delphi method: a powerful tool for strategic management [J]. Police Strategies & Management，2002，25 (4): 762-769.

[54] Wang Z S，Su H L，Zhao S Y，et al.Influence of phase change material on mechanical and thermal properties of clay geopolymer mortar [J]. Construction and Building Materials，2016，120: 329-334.

[55] Okoli C，Pawlowski S D. The dephi method as research tool: an example design considerations and applications [J]. Information & Management，2004，42 (1): 15-29.

[56] Padcliffe L L，Schniederjans M J.trust evaluation: an AHP and multi-objective programming approach [J]. Management Decision，2003，41 (6): 587-595.

[57] Metin D，Ihsna Y.Developing a fuzzy analytic hierarchy process (AHP) model for behavior-based safety management [J]. Information Sciences，

2008，178（6）：1717-1733.

[58] 苏敬华．用生命周期评价法评估生态系统服务功能［J］．中国环境科学，2011（1）：55.

[59] 乔永锋．基于生命周期评价法（LCA）的传统民居的能耗分析与评价［D］．西安：西安建筑科技大学，2006.

[60] 白璐．基于LCA的技术环境影响评价研究［D］．北京：中国环境科学研究院，2010.

[61] 王庆松．山东城市化发展战略对大气环境影响研究［D］．济南：山东大学，2010.

[62] 栾忠权．基于产品环境生态指数的绿色设计方法研究［J］．机械工程学报，2004（5）：96-100.

[63] 张艳．绿色建材的“绿色度”评价研究［J］．建材世界，2010（3）：21-23.

[64] 楚海林．基于熵的工业生产环境影响问题研究［D］．成都：西南交通大学，2005.

[65] 李纪峰．热电联产集中供热系统节能技术分析与环保效益评价［D］．大连：大连理工大学，2003.

[66] 吴星，张智慧，肖厚忠．北京市多层住宅建筑的物化环境影响研究［J］．清华大学学报：自然科学版，2005（6）：721-725.

[67] 刘江龙，丁培道，钱小蓉，等．金属材料的环境影响因子及其评价［J］．环境科学进展，1996（6）：46-51.

[68] 付超，张香平，闫瑞一，等．绿色度方法中环境影响因子权值的确定［J］．计算机与应用化学，2008（9）：1068-1074.

[69] 王克孟，马玉军．生态指数法在土壤评价中的应用［J］．土壤，1992（6）：289-292.

[70] 郭微．基于生态因子的辽宁省人居环境居住适宜性分析［D］．大连：辽宁师范大学，2010.

[71] 王立久，李礼，马震宇．新型乡村经济建材认证的产品评价体系［J］．混凝土，2010（4）：1-3

[72] 王立久，李礼．中国建材认证体系的现状及发展趋势［J］．混凝土，2009（5）：5-7.

[73] 姜金龙．寿命周期评价的技术框架及研究进展［J］．兰州理工大学学报，2005，31（4）：66-72.

[74] Society of Environmental Toxicology and Chemistry（SETAC）Guidelines for Life-Cycle：84-87.

[75] Udo de Haes, H., Ed. Towards a methodology for life cycle impact assessment [C]. Society of Environmental Toxicology and Chemistry. Brussels, 1996.

[76] Hendrickson C T , Lave L B, Matthews H S. Environmental life cycle assessment of goods and services [J]. Washington DC: Resources for the Future, 2006.

[77] 刘永峰. 基于《绿色建筑评价标准》的建筑材料优化选择研究 [D]. 西安: 西安建筑科技大学, 2013.

[78] 万一梦, 徐蓉, 黄涛. 我国绿色建筑评级标准与美国LEED比较分析 [J]. 建筑科学. 2009, 25 (8): 6-8.

[79] 张文霞, 杨江波, 焦丽君. 建筑围护结构的生命周期清单分析方法 [J]. 邢台职业技术学院学报, 2014, 31 (3): 72-74.

[80] 章玉荣. 粉煤灰混凝土生命周期环境影响综合评价 [D]. 北京: 北京交通大学, 2015.

[81] 汪振双, 苏昊林. 重复再生混凝土的性能和环境影响研究 [J]. 中国环境科学, 2018, 38 (10): 3801-3807.

[82] 程凯. 建筑绿色度评价指标体系及评价方法研究 [D]. 重庆: 重庆大学, 2010.

[83] Vlad-Andrei Porumb, Gunther Maier, Ion Anghel. The impact of building location on green certification price premiums: Evidence from three European countries [J]. Journal of Cleaner Production, 2020 (272): 1-10.

[84] 王立久. 建筑材料学 [M]. 3版. 北京: 中国水利水电出版社, 2013.

[85] 朱亮亮. 绿色建筑部品智能化评价系统 [D]. 西安: 西安建筑科技大学, 2009.

[86] 夏立明, 潘金双, 王亦虹. 绿色建筑评价指标体系和模型研究 [J]. 建筑经济, 2010 (6): 97-101.

[87] 龚平. 墙体材料的绿色度评价体系研究 [D]. 重庆: 重庆大学, 2007.

[88] 程凯. 建筑绿色度评价指标体系及评价方法研究 [D]. 重庆: 重庆大学, 2010.

[89] 王飞儿, 陈英旭. 寿命周期评价研究进展 [J]. 环境污染与防治, 2001, 23 (5): 249-252.

[90] 温室气体第二部分项目层次上对温室气体减排和清除增加的量化、监测和报告的规范及指南 [S]. ISO14064.

[91] 龚志起. 建筑材料生命周期中物化环境状况的定量评价研究 [D]. 北京: 清华大学, 2004.

[92] 李化建，谢永江，易忠来，等．高性能混凝土绿色度评价的研究进展［J]．铁道建筑，2010（7）：134-137.

[93] 张显辉，李长玉．浅谈室内环境污染问题［J]．环境科学与管理，2008（10）：64-66.

[94] 李礼．建筑材料绿色的6E综合评价体系研究［D]．大连：大连理工大学，2012.

[95] 狄向华．资源与材料生命周期分析中若干基础问题的研究［D]．北京：北京工业大学，2005.

[96] 中国矿业年鉴编辑委员会．中国矿业年鉴2009［M]．北京：中国地震出版社，2009.

[97] 中国国土资源年鉴编辑委员会．中国国土资源年鉴2010［M]．北京：中华人民共和国国土资源部，2010.

[98] 赵平，同继锋，马眷荣．建筑材料环境负荷指标及评价体系的研究［J]．中国建材科技，2004（6）.

[99] 段胜辉．绿色建筑评价体系方法［D]．重庆：重庆大学，2007.

[100] 卓蓉晖．建筑装饰材料放射性污染的危害与监测［J]．新型建筑材料，2003（3）.

[101] 李礼．建筑材料绿色性评价指标体系研究［J]．工程经济，2017，27（12）：71-75.

[102] 蔡文．物元模型及其应用［M]．上海：科学技术文献出版社，1994.

[103] 申晓强，刘志斌，朱志宇．基于物元分析模型的土地整理生态环境影响评价［J]．西北农林科技大学学报：自然科学版，2012，40（7）：174-180.

[104] 田华贤．基于熵权物元分析模型的城市生态安全综合评价［J]．生态学报，2012，31（1）：81-85.

[105] Jia Chun-rong，Zhang Jun. Evaluation of regional circular economy based on matter element analysis ［J］. Procedia Envoronmental Sciences，2011（11）：637-642.

[106] 汪振双，赵宁．基于ECM-Theil方法的BT项目承包商选择研究［J]．工程管理学报，2015，29（3）：121-125.

[107] 汪振双，谭晓倩，赵一健，等．基于价值工程的再生粗集料多次用评价研究［J]．数学的实践与认识，2015，45（23）：161-168.

[108] Daher S F D，Almeida AT. Recent patents using group decision support systems：A short review ［J］. Recent Patents on Computer Science，2010，3（2）：81- 90.

[109] 高同．水泥生料配合比计算方法［J]．武汉建材学院学报，1985（4）：

439-445.
[110] 邹伟斌，张菊花，胡新明，等. 复合硅酸盐水泥的研制［J］. 水泥技术，1998（6）：41-42.
[111] 邹伟斌，张菊花. 钢渣、矿渣、粉煤灰复合硅酸盐水泥［J］. 山东建材，2001（1）：19-23.
[112] 李礼，王立久. 硅酸盐水泥绿色度评价的实例研究［J］. 混凝土，2019（10）：80-83.
[113] 宋文章. 生产粉煤灰硅酸盐水泥的实践［J］. 江苏建材，1994（2）：41-43.
[114] 吴云燕，华中生，杏勇. AHP中群决策权的确定与判断矩阵的合并［J］. 运筹与管理，2003（4）：16-20.
[115] Rao G R，Turoff M.A hypermedia-based group decision support system to support collaborative medical decision-making［J］. Decision Support Systems，2000，30（2）：187-216.
[116] Qiao K，Yang H C，Zhi H B，et al.Group decision support system in distributed collaborative project management environment［J］. ISTM/2007：7TH International Symposium On Test And Measurement，VOLS 1-7，Conference Proceedings，2007：6133-6136.
[117] Herrera F，Herrera-Viedma E，Verdegay J L.Linguistic measures based on fuzzy coincidence for reaching consensus in group decision making［J］. International Journal Of Approximate Reasoning，1997，16（3-4）：309-334.
[118] Vongvichien J. The development of GDSS to support group decision making through the improvement of the participation of the graduate students［Z］. Phuket，Thailand：2010：1172-1175.
[119] Colson G. The OR′s prize winner and the software ARGOS：How a multi-judge and multicriteria ranking GDSS helps a jury to attribute a scientific award［J］. Computers and Operations Research，2000，27（7-8）：741-755.
[120] 陈伙，樊治平，刘香芹，等. 基于互反判断矩阵的专家群体判断一致性分析［J］. 系统工程与电子技术，2007（7）：1078-1081.
[121] 元继学，吴祈宗. 多属性群决策算法及一致性分析研究［J］. 数学的实践与认识，2004（8）：51-57.
[122] 华中生，梁梁. 专家群体决策不一致性判定与调整方法［J］. 系统工程学报，1994（1）：118-123.
[123] 刘思峰. 灰色系统理论及其应用［M］. 北京：科学出版社，1992：

57-58.
［124］ 徐玖平. 群决策理论与方法及实现［M］. 北京：清华出版社，2009：414.
［125］ 杨善林，刘心报. GDSS中判断矩阵的两种集结方法［J］. 计算机学报，2001（1）：47-50.
［126］ 汪振双，赵宁，苏昊林. 能源—经济—环境耦合协调度研究——以山东省水泥行业为例［J］. 软科学，2015，29（2）：33-36.
［127］ 中国建筑材料科学研究院. 通用硅酸盐水泥［S］. 2007.
［128］ 武继业，金黎，冯建超等. 综合利用粉煤灰生产32.5复合硅酸盐水泥［J］. 吉林建材，2003（2）：36-40.
［129］ 华飚，华琨，赵洪义. 水泥生料配料计算原料方法及Excel工作表［J］. 水泥，2002（3）：19-22.
［130］ 张志斌. 确定水泥原料配比的规划法［J］. 国外建材科技，2001（3）：17-19.
［131］ 任和平，王玉江. 高掺量粉煤灰硅酸盐水泥的研制［J］. 水泥技术，2000（3）：46-48.
［132］ 景国，史普天. 利用固体废渣生产矿渣硅酸盐水泥的试验研究［J］. 水泥工程，2005（3）：83-84.
［133］ 荆存登. 立窑烧制425R型矿渣硅酸盐水泥的研究［J］. 水泥，1990（1）：33-37.
［134］ 江继祥. 粉煤灰复合硅酸盐水泥的试生产［J］. 粉煤灰综合利用，1997（4）：43-44.
［135］ 姬永生，袁迎曙，袁广林，等. 粉煤灰复合水泥对改善混凝土性能的试验研究［J］. 中国矿业大学学报，2006（3）：306-310.
［136］ 高培伟，杨达民. 复合硅酸盐水泥研究［J］. 山东建材，1996（1）：24-27.
［137］ 汪振双，苏昊林. 重复再生混凝土的性能和环境影响研究［J］. 中国环境科学，2018，29（2）：33-36.
［138］ 中国环境科学研究院. 水泥厂大气污染物排放标准（GB4915-2004）［R］. 2004.
［139］ 天津水泥工业设计研究院有限公司. 水泥单位产品能源消耗限额［S］. 2007.
［140］ 牛家珍，龚志起. 生命周期评价中环境影响的货币化估值研究［J］. 福建建材，2019，（2）：3-4.
［141］ 中国建筑材料联合会. “十一五”时期水泥工业的变化特征［J］. 混凝土世界，2011（4）：58-60.
［142］ 姜睿，王洪涛. 中国水泥工业的生命周期评价［J］. 化学工程与装备，

2010（4）：183-187.

［143］北京市环境保护科学研究院．污水综合排放标准［S］．1996.

［144］刘顺妮，林宗寿，张小伟．硅酸盐水泥的生命周期评价方法初探［J］．中国环境科学，1998（4）：41-45.

［145］河南省建筑科学研究院．民用建筑工程室内环境污染控制规范（2006年版）［S］．2014.

［146］南京玻璃纤维研究设计院．建筑材料及制品的湿热性能．吸湿性能的测定［S］．2006.

［147］东北林业大学．锯材干燥质量［S］．1999.

［148］中国建筑科学研究院，同济大学，中国中元国际工程公司，等．民用建筑隔声设计规范［S］．2010.

［149］中国建筑科学研究院，中设建工集团有限公司，中国铁道科学研究院，等．混凝土耐久性检验评定标准［S］．2009.

［150］张建新，王玥．基于生态足迹模型的绿色建筑评价研究［J］．建筑经济，2014，375（1）：87-92.

［151］张春霞．BIM技术在我国建筑行业的应用现状及发展障碍研究［J］．建筑经济，2011（9）：96-98.

［152］张建平，李丁，林佳瑞，等．BIM在工程施工中的应用［J］．施工技术，2012，41（16）：10-17.

［153］唐晓灵，田晨曦．建筑信息模型（BIM）技术扩散与应用研究［J］．建筑经济，2013（6）：98-100.

［154］郭洪江．浅议BIM在公路设计中的应用［J］．黑龙江交通科技，2011（9）：315.

［155］桑培东，肖立周，李春燕．BIM在设计施工一体化中的应用［J］．施工技术，2012，41（16）：25-27.

［156］李恒，郭红领，黄霆，等．BIM在建设项目中的应用模式研究［J］．工程管理学报，2010，24（5）：525-529.

［157］赵彬，王友群，牛博生．基于BIM的4D虚拟建造技术在工程项目进度管理中的应用［J］．建筑经济，2011（9）：93-95.

［158］许俊青，陆惠民．基于BIM的建筑供应链信息流模型的应用研究［J］．工程管理学报，2011，25（2）：138-142.

［159］汪振双，王立国，高平等．基于BIM技术的绿色建筑材料管理体系研究［J］．建筑经济，2015，36（4）：83-86.

［160］陈小波，刘禹．基于BIM技术的SI住宅项目管理体系研究［J］．建筑经济，2014，35（7）：28-31.

索引

后记

本书从酝酿到完成，倾注了许多人的关心、支持、鼓励和帮助，在研究的过程中他们提出了许多宝贵的意见和建议。本人于2012年步入东北财经大学任教，2013年师从王立国教授从事博士后科研工作。从工程到管理，衷心感谢王老师对本人的悉心指导，王老师严谨的治学态度、勤奋拼搏的工作精神和淡泊名利、从容淡定的生活态度将使我受益一生，衷心祝福王老师身体健康，桃李满天下！

感谢我的博士生导师王立久教授，感谢王老师一直以来对我全方位的支持、帮助和鼓励，他是我一生敬重与感激之人。感谢大连理工大学建筑材料研究所的各位兄弟姐妹，是你们的支持和帮助让我再一次感受到了学生时代的美好，认识你们是我毕生之幸。在这里，尤其要感谢我的师妹李礼博士，感谢她在建筑材料绿色度评价指标的权重和数据采集工作中付出的巨大心血。感谢我的硕士生导师周梅教授，周老师如母亲般给予我照顾与支持，学生每每受挫时，您总是第一时间安慰与帮助，让我备感温暖。

感谢我的家人。感谢我的父母和岳父岳母，你们的无私付出，是我坚强的后盾。感谢我的妻子赵宁博士，感谢你对家庭的付出，感谢你对我的包容和理解。感谢我的儿子Miumiu，你纯真的笑容和稚嫩的声音，让我忘却了所有烦恼，是我前进的巨大动力！

本书得到“东北财经大学‘双一流’建设项目高水平学术专著出版资助计划”经费资助，在此表示感谢！

最后，真诚地感谢所有曾经给予我帮助的善良的人们，同时也要感谢这几年来我所经历的困难和挫折，这些终将成为我一生的财富。满怀感激，谢谢每一个帮助我的人。爱，伴我远航！

汪振双